典型流域

DIANXING LIUYU

SHUIHUANJING ZHILIANG JINGXIHUA GUANLI GUANJIAN JISHU YU JICHENG SHIJIAN

水环境质量精细化管理关键技术与集成实践

李广英　赵琰鑫　王凌青／著

中国环境出版集团·北京

图书在版编目（CIP）数据

典型流域水环境质量精细化管理关键技术与集成实践 / 李广英，赵琰鑫，王凌青著. -- 北京 : 中国环境出版集团，2025. 8. -- ISBN 978-7-5111-6210-6

Ⅰ. X143

中国国家版本馆 CIP 数据核字第 2025HC8155 号

责任编辑 曲　婷
封面设计 宋　瑞

出版发行 中国环境出版集团
（100062　北京市东城区广渠门内大街 16 号）
网　　址：http://www.cesp.com.cn.
电子邮箱：bjgl@cesp.com.cn.
联系电话：010-67112765（编辑管理部）
010-67112736（第五分社）
发行热线：010-67125803，010-67113405（传真）

印　　刷 北京中科印刷有限公司
经　　销 各地新华书店
版　　次 2025 年 8 月第 1 版
印　　次 2025 年 8 月第 1 次印刷
开　　本 787×1092　1/16
印　　张 11.25
字　　数 230 千字
定　　价 80.00 元

著者名单

李广英 （青海省生态环境规划和环保技术中心）

赵琰鑫 （生态环境部环境规划院）

王凌青 （中国科学院地理科学与资源研究所）

编 委 会

前　言

当今时代，水环境问题已成为全球关注的焦点，而流域作为自然地理与人类活动的复合单元，其水环境质量的优劣直接关乎区域生态安全、民生福祉与可持续发展。湟水流域地处青藏高原与黄土高原过渡带，是黄河上游最大的一级支流，承载着青海省近 60% 的人口与经济总量，其水环境质量不仅影响黄河流域生态保护和高质量发展战略的实施，更对维系西北干旱半干旱地区生态屏障功能具有举足轻重的意义。近年来，随着城镇化、工业化进程的加快，湟水流域水资源短缺、水污染负荷超载、水生态功能退化等问题交织叠加，传统治理模式已难以应对复合型、系统性水环境问题。如何通过技术创新实现水环境管理从“粗放式”向“精细化”、“被动响应”向“主动防控”、“局部治理”向“系统修复”的转变，成为新时代流域水环境质量管理的核心命题。

本书以“问题导向、技术集成、系统治理”为宗旨，聚焦湟水流域水环境质量管理的核心瓶颈问题，围绕“精细管理—精准溯源—系统保护—有效激励”的技术逻辑链，系统梳理了流域水环境质量管理的关键技术体系与实践经验，旨在为类似流域的水环境治理提供科学范式与技术支撑，为构建美丽中国、实现人与自然和谐共生贡献智慧和力量。

本书由青海省“昆仑英才·高端创新创业人才”计划项目鼎力支持，旨在为湟水流域乃至全球典型流域的水环境质量管理提供一套全面而深入的理论与实践指导方案。

在本书撰写过程中，我们得到了众多专家和学者及相关单位的支持与帮助，对此我们表示衷心的感谢！同时，我们也期待广大读者能够积极反馈、批评指正，共同推动流域水环境质量管理领域的不断进步与发展。

目　录

第 1 章 湟水流域概况

1.1 自然概况

1.1.1 地理位置

湟水是黄河上游最大的一级支流，也是黄河流域八大支流之一，位于青海省东部，北纬 36°02′～37°28′，东经 100°42′～103°01′。湟水发源于祁连山脉肯特达坂山南坡包忽图河北部的洪呼日尼哈（属青海省海晏县甘子河乡托华村），河源海拔 4 353.0 m，位于东经 100°54′54″、北纬 37°15′36″。湟水正源为麻皮寺河，在海晏与哈利涧汇合后始称湟水，流经湟源县进入西宁盆地后称为西川，与最大支流北川相汇后，南接南川河，北纳沙塘川，出小峡口而东，流经民和回族土族自治县（以下简称民和县）享堂地区汇入大通河，最后在甘肃省兰州市西固区达川镇河嘴村注入黄河八盘峡水库，河口位于东经 103°21′54″、北纬 36°07′13″。湟水干流由西向东流经青海省海晏县、湟源县、湟中区、西宁市区、平安区、互助土族自治县（以下简称互助县）、乐都区、民和县与甘肃省红古区、永靖县、西固区。干流全长 374 km，其中青海省境内全长 306 km，甘青界河 30 km，甘肃省境内全长 38 km。总流域面积 32 863 km^2，其中青海省境内流域面积 29 060 km^2（含大通河流域），甘肃省境内流域面积 3 803 km^2。湟水是青海的“母亲河”，孕育了灿烂辉煌的多元民族文化。湟水流域是青海省重要的农业区，也是人口最稠密、基础设施最完善的地区，还是青海省政治、经济、文化和交通中心，省会西宁市即位于流域内，其社会经济发展具有决定青海省社会经济全面发展的战略地位。湟水地理位置及走向见图 1-1。

图 1-1　湟水地理位置及走向

1.1.2　地形地貌

湟水流域地势由西北向东南呈现渐降态势，依据其海拔高度、流水侵蚀程度及人为利用情况，可将其河谷地貌类型划分为 3 类，即中高山、低山丘陵和河谷，俗称脑山、浅山和川水。其中，中高山地貌类型区主要分布于湟水流域西部的边缘分水岭地带，海拔高度 2 750 m 以上；低山丘陵地貌类型区主要分布于湟水河流域中高山地貌类型区内侧，海拔高度 2 500～2 750 m，由于遭受雨水的长期冲刷、侵蚀，其地表形态较为破碎、沟壑纵横，是流域内水土流失最严重的地区；河谷主要分布于湟水河干流和支流两岸，海拔高度 2 500 m 以下，由于受河流冲积和两侧山体坡积的长期影响，其地形坡度相对较小，呈不规则、不连续的条、块、带状分布，地表上覆第四纪松散堆积物，土层相对较厚，是青海省的工业、农业生产集中分布区。

湟水流域地形特征见图 1-2。

湟水干流周边主要地形为微斜坡、缓斜坡和斜坡，平原、陡坡面积较少。其中，平原土地面积 30.4 km^2，占总面积的 10.1%；微斜坡土地面积 79.6 km^2，占总面积的 26.5%；缓斜坡土地面积 85.2 km^2，占总面积的 28.4%；斜坡土地面积 61.1 km^2，占总面积的 20.3%；陡坡土地面积 43.9 km^2，占总面积的 14.6%。各区

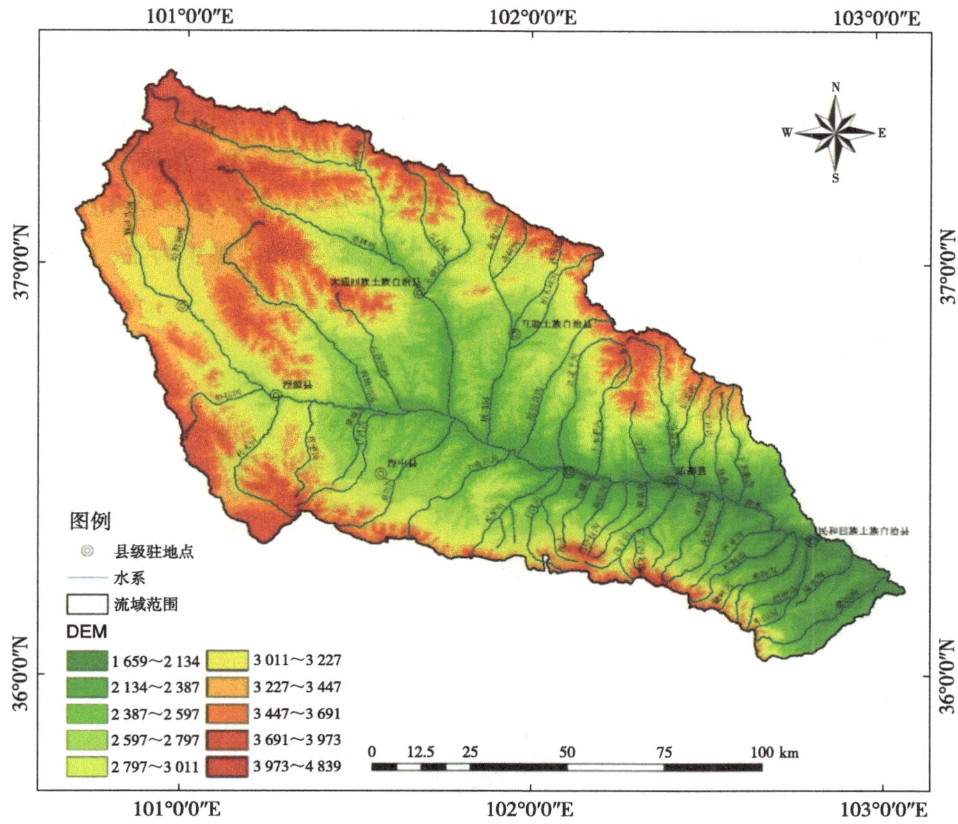

图 1-2　湟水流域地形特征

（县）中，海晏县、湟源县、湟中区、乐都区、互助县、民和县地形基本为斜坡，特别是湟源县、民和县地形坡度大于其他区（县）；西宁城区和平安区主要地形为缓斜坡。流域内地形为陡坡的主要集中在海晏县青海湖乡、甘子河乡、金滩乡，湟源县东峡乡，乐都区洪水镇，民和县松树乡、川口镇、马场垣乡等乡镇。

1.1.3　土壤类型

依据中国科学院南京土壤研究所第二次全国土壤普查数据，湟水流域受气候、水文和人类活动改造等因素影响，土壤垂直地带性明显。干流源头区海北藏族自治州（以下简称海北州）海晏县主要土壤类型为永冻薄层土、冰冻始成土、松软薄层土和简育栗钙土等，上游、中游西宁市湟源县主要土壤类型为石灰性黑钙土，湟中区主要土壤类型为简育栗钙土，西宁城区主要土壤类型为简育黑土，中游、下游海东市互助县、平安区主要土壤类型为石灰性栗钙土、石灰性冲积土、硅铝质冲积土等，乐都区、民和县主要土壤类型为硅铝质冲积土和人为堆积土。结合全国土壤调查数据和现场踏勘，进一步分析不同类型土壤颗粒粒径及渗透力，识别土壤质地，其中海晏县以砂壤、轻壤土为主，湟源县为轻壤土，湟中区、西宁市区为中壤土，平安区、互助县以中壤、轻壤和砂壤土为主，乐都区、民和县基本为冲积性的砂土。

湟水流域土壤类型见图 1-3。

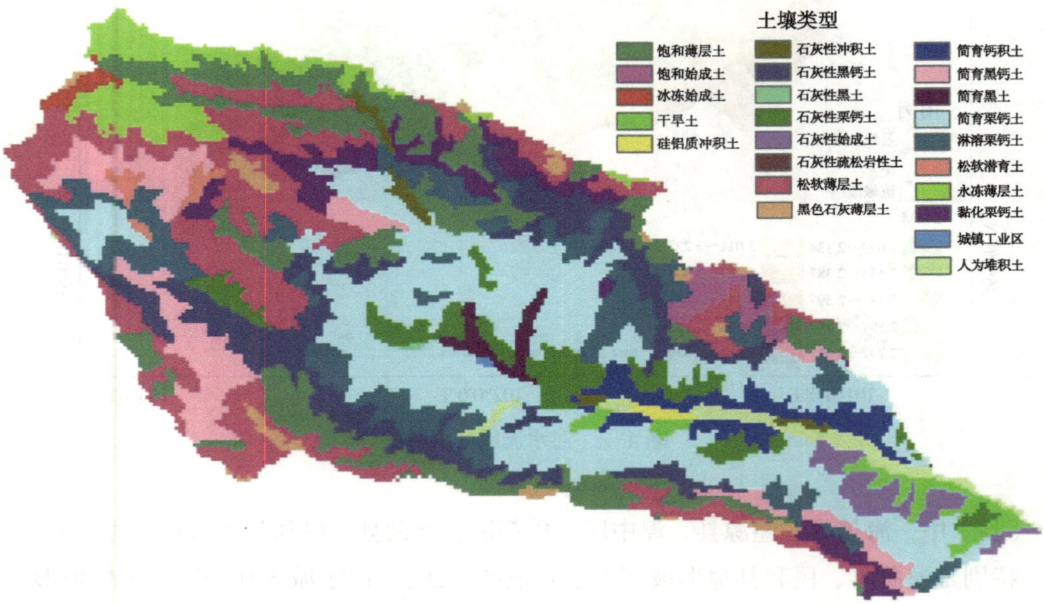

图 1-3　湟水流域土壤类型

1.1.4　气候特征

湟水流域地处西北内陆高原，受季风影响不大，属高原干旱半干旱大陆性气候，其基本特征是，高寒、干旱，日照时间长，太阳辐射强，昼夜温差大，冬夏温差小，气候地理分布差异大，垂直变化明显。四季不分明，春季回暖较慢，干旱少雨多风；夏季气温除东部河谷盆地较高外，大部分地区无酷热之感；雨量集中，常有暴雨或冰雹等灾害性天气，但夏旱也常有发生；秋季凉爽，雨量减少，中秋节一过即有寒冬将至之感；冬季严寒干燥，降雪较少，常有西北冷空气侵入，但由于流域北部高山阻隔，强度减弱。总体气温随海拔增高而递减，年平均气温 0.6～7.9℃，最高气温 34.7℃，最低气温 -32.6℃，无霜期较短，只有 48～184 天，由东至西递减，年日照时数为 2 600～2 683 h；总体降水量随海拔增高而递增，年均降水量 300～500 mm，局部地区可达 600 mm，6—9 月降水约占全年降水量的 70%，且多暴雨，部分山谷盆地区的降水还具有夜雨多的特点。

1.1.5 河流水系

湟水上游正源为麻皮寺河，在海晏与哈利涧汇合后称为西川，流经湟源进入西宁盆地，与最大支流北川河相汇后，南接南川河，北纳沙塘川河，穿过小峡、老鸦峡，在民和县享堂与大通河汇合后，最后在甘肃省兰州市西固区达川镇河嘴村注入黄河八盘峡水库。干流长 374 km，河宽一般为 50～200 m，流域河网密度 0.153 km/km^2，海晏至民和河道平均坡度 14.8‰～5.3‰，河道弯曲率 1.07～1.34。两岸支流发育，水系呈树枝状分布，河系不均匀系数 0.90。

湟水流域有大小一级支流 94 条，大通河为湟水最大支流。此外，南岸主要支流有拉拉河、药水河、盘道沟、康成川河、甘河沟、南川河、小南川河、祁家川河、白沈家沟、巴藏沟、高店沟、岗子沟、虎狼沟、松树沟、巴州河、隆冶沟等，北岸主要支流有哈利涧河、西纳川河、云谷川河、北川河、沙塘川河、哈拉直沟、红崖子沟、上水磨沟、引胜沟、直沟、下水磨沟等。主要河流情况介绍如下：

1）大通河：为湟水最大一级支流，发源于天峻县沙果林那穆吉林岭东端的扎来掌，上源称加巴尕当曲，流经木里盆地、江仓盆地、默勒盆地、门源盆地，在门源回族自治县（以下简称门源县）克图以下逐渐转东南流，再转南流至民和县享堂与湟水汇合。大通河从源头到汇入湟水，除下游一小段流经甘肃连城、红古地区外均在青海境内。干流河长 560.7 km，集水面积 15 130 km^2，在青海省境内干流河长 504 km，集水面积 12 943 km^2。

2）北川河：为湟水一级支流，上源为宝库河与黑林河，两河汇合后称为北川河。北川河横贯西宁市境，从城北区朝阳汇入湟水，河道全长 260.7 km，流域面积 3 365 km^2。

3）沙塘川河：为湟水一级支流，发源于互助县境，在西宁市城东区朱家庄一带进入市境，汇入湟水，境内河长 5.7 km，境内流域面积 1 112 km^2。

4）南川河：为湟水一级支流，发源于拉脊山脉，流经西宁市湟中区，在城中区汇入湟水，河流长度 49.2 km，流域面积 398 km^2。

5）小南川河：为湟水一级支流，发源于拉脊山脉，经湟中区出境在海东市平安区境内汇入湟水，境内河长 38.25 km，境内流域面积 354.0 km^2。

6）黑林河：为湟水二级支流，发源于青林乡山岔草原，途经多林镇境内与西大坂山的宽多洛河汇合流经城关镇，在大通回族土族自治县（以下简称大通县）极乐乡极拉口村附近与宝库河汇合，该河全长 57.5 km，流域面积 281 km^2。

7）西纳川河：为湟水一级支流，发源于娘娘山脉，在水峡出山口处进入西宁市湟中区，在湟中区多巴镇汇入湟水，境内河长 35 km，境内流域面积 809 km^2。

8）药水河：为湟水一级支流，发源于湟源县野牛山和青阳山，由南向北经日月乡、和平乡在城关汇入湟水，河流长度 52.2 km，流域面积 636 km^2。

9）云谷川河：为湟水一级支流，发源于娘娘山脉，经湟中李家山，在西宁市城北区汇入湟水干流，河流长 38.8 km，流域面积 164.6 km^2。

10）东峡河：为湟水二级支流，由大坂河、谷山滩河组成，沿途有瓜拉峡河等 12 条较小河流注入其中，向南流经桥头镇后注入北川河，该河全长 49 km，流域面积 547 km^2。

湟水流域水系与水文站点分布见图 1-4 和表 1-1。

1.2 社会经济

1.2.1 行政区划与人口

湟水流域涉及西宁市、海东市和海北州 3 个地市 12 个区（县），其中涉及西宁市 7 个区（县）71 个乡镇（街道），海东市 4 个区（县）61 个乡镇（街道），海北州 1 个区（县）6 个乡镇。截至 2020 年，流域总人口 352 万人，占全省人口的 60.2%，是青海省人口密度最大的地区，见图 1-5。

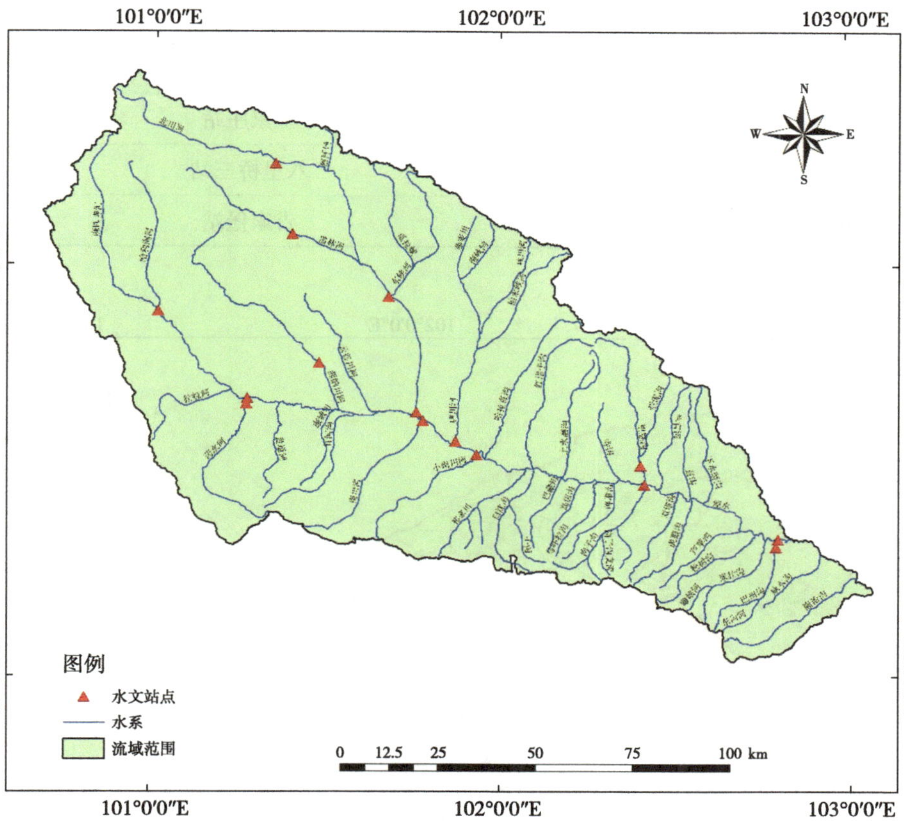

图 1-4　湟水流域水系与水文站点分布

表 1-1　湟水流域各河流水文站点统计

河流名称	水文站点数量	水文站点名称
湟水干流	5	海晏三站、湟源站、西宁站、乐都站、民和站
大通河	1	青石嘴站
北川河	3	牛场站、桥头五站、朝阳站
药水河	1	董家庄三站
西纳川河	1	西纳川二站
黑林河	1	黑林二站
南川河	1	南川河口站
沙塘川河	1	傅家寨二站

续表

河流名称	水文站点数量	水文站点名称
小南川河	1	王家庄站
引胜沟	1	八里桥三站
巴州河	1	吉家堡站

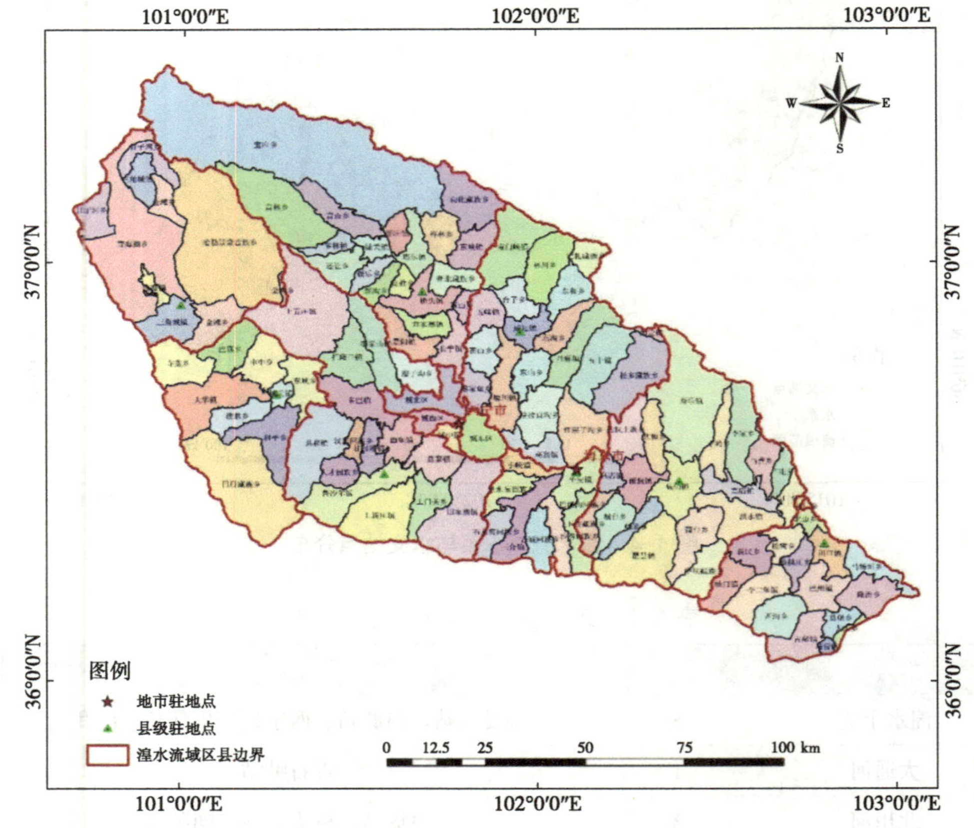

图 1-5　湟水流域区（县）、乡镇分布

（1）海北州

湟水流域涉及海北州海晏县甘子河乡、青海湖乡、西海镇、三角城镇、金滩乡、哈勒景蒙古族乡等 6 个乡镇，区内总人口共 3.64 万人。其中，城镇人口 1.66 万人，占总人口的 45.6%；农村人口 1.98 万人，占总人口的 54.4%。湟水流域海北州海晏县行政区划和人口见表 1-2。

表 1-2 湟水流域海北州海晏县行政区划和人口

市（州）	区（县）	乡镇（街道）	人口 / 万人
海北州	海晏县	甘子河乡、金滩乡、青海湖乡、西海镇、三角城镇、哈勒景蒙古族乡	3.64

（2）西宁市

湟水流域涉及西宁市城中区、城北区、城东区、城西区、大通县、湟源县和湟中区等 7 个区（县）71 个乡镇（街道）。根据青海省统计年鉴，2020 年，西宁市总人口 244.80 万人，城镇人口 194.06 万人，占总人口的 78.6%，农村人口 52.74 万人，占总人口的 21.4%。湟水流域西宁市行政区划和人口见表 1-3。

表 1-3 湟水流域西宁市行政区划和人口

市（州）	区（县）	乡镇（街道）	人口 / 万人
西宁市	城中区	仓门街、人民街、礼让街、饮马街、南滩街、南川东路、南川西路	30.6
	城北区	廿里铺镇、大堡子镇、小桥大街、朝阳街、马坊街	41.8
	城东区	韵家口镇、乐家湾镇、东关社区、清真巷社区、大众社区、周家泉社区、林家崖社区、火车站社区、八一路社区	48.9
	城西区	彭家寨镇、西关大街、虎台街、古城台街、胜利路、兴海路	32.7
	大通县	桥头镇、城关镇、塔尔镇、东峡镇、黄家寨镇、长宁镇、景阳镇、多林镇、新庄镇、青林乡、青山乡、逊让乡、极乐乡、宝库乡、斜沟乡、良教乡、向化藏族乡、桦林乡、朔北藏族乡、石山乡	40.3
	湟源县	城关镇、大华镇、东峡乡、日月藏族乡、和平乡、波航乡、申中乡、巴燕乡、寺寨乡	11.0
	湟中区	拦隆口镇、多巴镇、鲁沙尔镇、甘河滩镇、西堡镇、总寨镇、田家寨镇、上五庄镇、上新庄镇、李家山镇、共和镇、大才回族乡、土门关乡、海子沟乡、汉东回族乡	39.5

（3）海东市

湟水流域涉及海东市乐都区、平安区、民和县、互助县等 4 个区（县）61 个乡镇（街道）。根据青海省统计年鉴，2020 年，海东市湟水流域范围内总人口

102.4 万人，其中城镇人口 28.06 万人，占总人口的 27.4%；农村人口 74.34 万人，占总人口的 72.6%。湟水流域海东市行政区划和人口见表 1-4。

表 1-4　湟水流域海东市行政区划和人口

市（州）	区（县）	乡镇（街道）	人口 / 万人
海东市	乐都区	碾伯镇、高庙镇、洪水镇、雨润镇、高店镇、寿乐镇、瞿昙镇、达拉土族乡、共和乡、中岭乡、李家乡、马营乡、芦花乡、马厂乡、中坝藏族乡、下营藏族乡、蒲台乡、峰堆乡、城台乡	24.1
	平安区	平安镇、小峡镇、三合镇、洪水泉回族乡、石灰窑回族乡、古城回族乡、沙沟回族乡、巴藏沟回族乡	11.8
	民和县	川口镇、古鄯镇、马营镇、巴州镇、李二堡镇、峡门镇、马场垣乡、北山乡、西沟乡、总堡乡、隆治乡、大庄乡、核桃庄乡、新民乡、松树乡	32.7
	互助县	威远镇、塘川镇、丹麻镇、高寨镇、南门峡镇、五十镇、五峰镇、红崖子沟乡、哈拉直沟乡、松多藏族乡、东山乡、东和乡、东沟乡、林川乡、台子乡、西山乡、蔡家堡乡、巴扎藏族乡、加定镇	33.8

1.2.2　社会经济

湟水流域集中了青海省近 60% 的人口、52% 的耕地和 70% 以上的工矿企业，是青海省政治、经济、文化中心地区。近年来，该流域国民经济快速发展，经济结构继续调整优化。

（1）西宁市

根据《西宁市 2020 年国民经济和社会发展统计公报》，2020 年，西宁市地区生产总值为 1 372.98 亿元，按可比价计算，同比增长 1.8%。分产业看，第一产业增加值为 57.17 亿元，同比增长 4.3%；第二产业增加值为 418.72 亿元，同比增长 6.1%；第三产业增加值为 897.09 亿元，同比下降 0.2%。三次产业结构比为 4.16：30.50：65.34。全年农作物总播种面积 190.46 万亩*，其中，粮食播种

* 1 亩 =1/15 hm^2

面积 90.44 万亩，油料播种面积 49.84 万亩，蔬菜播种面积 25.03 万亩，中草药材播种面积 4.85 万亩，其他农作物播种面积 20.30 万亩。油料、蚕豆、马铃薯、蔬菜特色农作物播种面积达到 105.79 万亩。全年生猪出栏 13.96 万头，牛出栏 33.50 万头，羊出栏 63.94 万只，肉用家禽出栏 92.83 万只。全年规模以上工业增加值同比增长 3.5%，其中轻工业增加值下降 14.8%，重工业增加值同比增长 8.9%。全市年人均地区生产总值达到 5.75 万元。

（2）海东市

根据《海东市 2020 年国民经济和社会发展统计公报》，2020 年，海东市地区生产总值 514.6 亿元，按可比价格计算，同比增长 4.7%。分产业看，第一产业增加值 77.4 亿元，同比增长 5%；第二产业增加值 195.2 亿元，同比增长 4.7%；第三产业增加值 242 亿元，同比增长 2.3%。三次产业结构比为 15.04∶37.93∶47.03。全年农作物总播种面积 302.45 万亩，其中粮食作物播种面积 186.94 万亩。其中，小麦 63.16 万亩，马铃薯 81.7 万亩，玉米 30.58 万亩，豆类 11.5 万亩，油料 75.99 万亩，药材 9 万亩，蔬菜播种面积 30.52 万亩。全年粮食产量 53.41 万 t。年末生猪存栏 43.97 万头，羊存栏 149.05 万只，牛存栏 33.88 万头，家禽存栏 79.68 万只。全年全市全部工业增加值比上年增长 3.9%，其中规模以上工业增加值比上年增长 2.4%。全市年人均地区生产总值达到 3.61 万元。

（3）海北州

根据《海北藏族自治州 2020 年国民经济和社会发展统计公报》，2020 年，海北州地区生产总值 95.09 亿元，按可比价格计算，比上年增长 0.5%。分产业看，第一产业增加值 29.61 亿元，同比增长 4.6%；第二产业增加值 15.87 亿元，同比下降 6.5%；第三产业增加值 49.6 亿元，同比增长 1.2%。三次产业比为 31.1∶16.7∶52.2。全年农作物总播种面积 82.68 万亩，其中，粮食作物 31.86 万亩，油料作物 43.04 万亩，饲草料 6.55 万亩，蔬菜及特种作物 1.23 万亩。年末牛存栏 96.4 万头，羊存栏 289.87 万只，生猪存栏 0.71 万头，家禽存栏 1.85 万只。人均地区生产总值达到 3.22 万元。

1.2.3　土地利用

基于湟水流域 2020 年遥感影像解译土地利用成果数据，参考全国土地利用 / 覆盖分类体系，分析区域现状土地利用状况，见图 1-6。

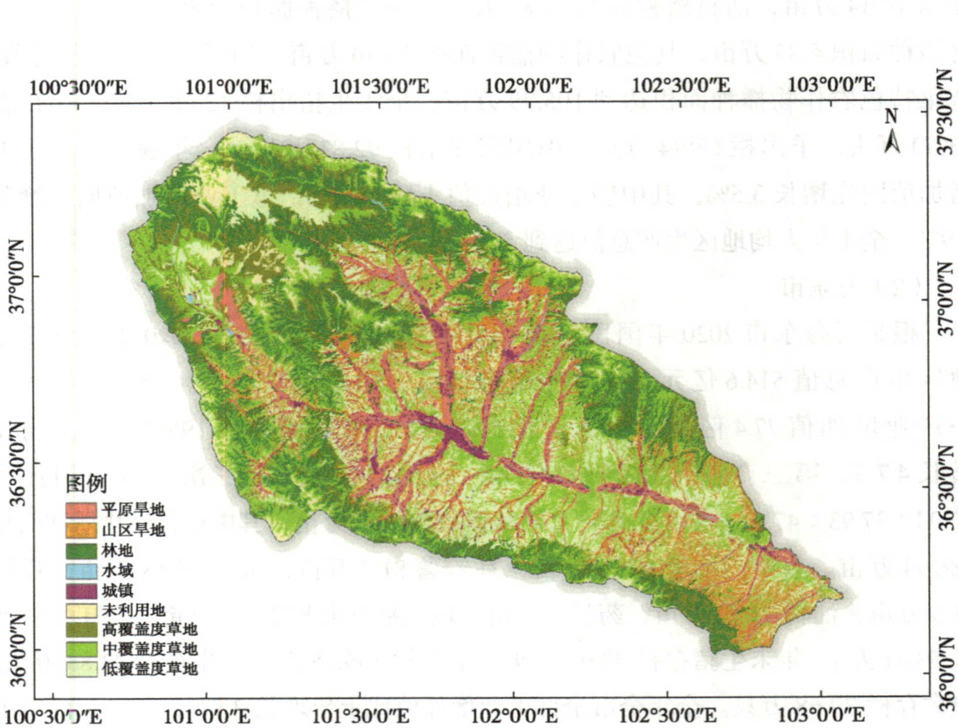

图 1-6　2020 年湟水流域土地利用类型分布

从主要土地利用类型构成比例来看，流域内草地面积最大，为 8 828.1 km^2，占研究区域的 55.4%，其中中覆盖度草地最多，占研究区域的 25.5%；其次是旱地和林地，分别为 3 217.3 km^2（占比为 20.2%）和 2 841.4 km^2（占比为 17.8%）；再次是城镇、水域和未利用地，分别为 442.7 km^2（占比为 2.8%）、73.5 km^2（占比为 0.5%）和 539 km^2（占比为 3.4%）。

从各土地利用类型的空间分布来看，城镇建设用地主要分布在主要河流中下游，特别是湟水干流河谷两侧，其中以西宁市辖区最多；林地广泛分布在流域的各区（县）；草地以中、低覆盖度草地为主，主要沿湟水下游河谷及河谷两侧阶地分布；高覆盖度草地面积较少，主要分布在上游山区；旱地中山区旱地约占 60%，广泛分布在西宁、海东两市，而平原旱地约占 40%，大部分分布在海东市的互助县；未利用地主要分布在大通县的西北部与民和县的东部。

1.3 水环境状况

1.3.1 流域水环境质量状况

1.3.1.1 流域现状水质状况

2022 年，湟水干流和主要支流全部 25 个国控、省控监测断面中，Ⅰ～Ⅲ类水占 100%，水质状况优良。其中，湟水干流水质良好。湟水汇水支流药水河入湟口断面水质为Ⅰ类，水质优；云谷川河、西纳川河、石惠沟、红崖子沟、祁家川河、岗子沟、巴州沟入湟口断面水质均为Ⅱ类，水质为优；教场河、小南川河、哈拉直沟、白沈沟、隆治沟入湟口断面水质均为Ⅲ类。流域全部 28 个监测断面水质均达到水环境功能（水质考核）目标，达标率为 100%（图 1-7）。

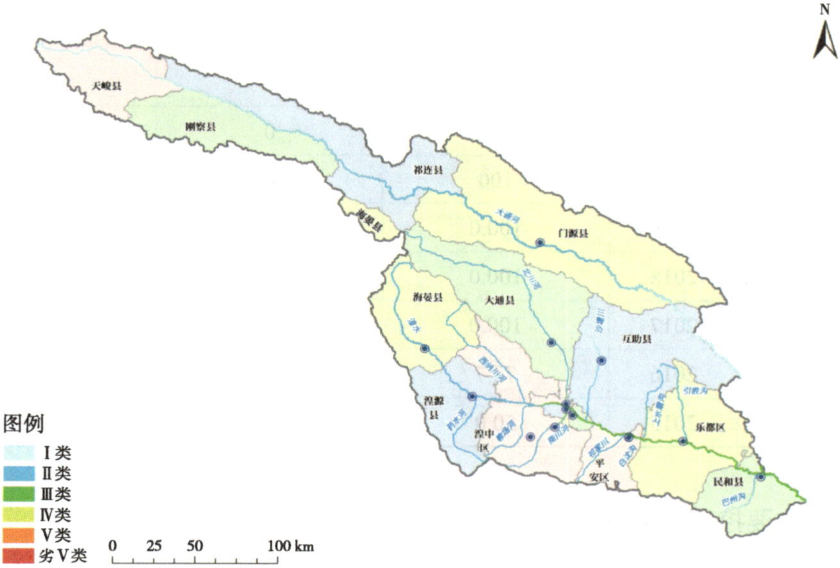

图 1-7 2022 年湟水流域水质状况

1.3.1.2 流域水质变化趋势

“十三五”时期以来，青海省不断加强湟水流域水环境治理工作，湟水干支流水质持续向好。湟水干流Ⅰ～Ⅲ类水质断面比例由2015年的22.2%上升到2019年的81.8%，劣Ⅴ类水质断面比例由2015年的55.6%下降到2019年的0；湟水支流Ⅰ～Ⅲ类水质断面比例由2015年的50.0%上升到2019年的100%，劣Ⅴ类水质断面比例由2015年的10.0%下降到2019年的0，见表1-5。

表1-5　2015—2020年湟水干支流水质状况汇总　单位：%

水系	年份	Ⅰ～Ⅲ类断面比例	Ⅳ～Ⅴ类断面比例	劣Ⅴ类断面比例
湟水干流	2022	100	0	0
	2021	100	0	0
	2020	100	0	0
	2019	81.8	18.2	0
	2018	27.2	72.7	0
	2017	33.3	50.0	16.7
	2016	30.0	30.0	40.0
	2015	22.2	22.2	55.6
湟水支流	2022	100	0	0
	2021	100	0	0
	2020	100	0	0
	2019	100.0	0	0
	2018	100.0	0	0
	2017	100.0	0	0
	2016	72.7	27.3	0
	2015	50.0	40.0	10.0

1.3.1.3　主要控制断面水质变化

（1）金滩

湟水干流金滩断面（国控）主要污染物浓度均呈现先升后降趋势，峰值浓度出现在2017年，2018年以后显著降低。“十四五”时期以来，金滩断面水质保持优良稳定。2020年，金滩断面化学需氧量（COD）、总磷（TP）平均浓度分别为8.3 mg/L、0.01 mg/L，较2015年平均浓度水平分别升高了5.1%、7.1%；氨氮平均浓度为 0.07 mg/L，较 2015 年下降了 61.1%。2022 年，金滩断面化学需氧量、氨氮平均浓度分别为 8.0 mg/L、0.04 mg/L，分别较 2020 年进一步降低了 3.6%、42.8%；总磷平均浓度为 0.02 mg/L，较 2020 年有所上升。

（2）扎马隆

湟水干流扎马隆断面（国控）COD 浓度呈持续下降趋势，氨氮、总磷指标浓度均呈波动下降趋势。断面化学需氧量浓度峰值出现在 2016 年，总磷指标浓度峰值出现在 2016 年。“十四五”时期以来，扎马隆断面水质保持优良稳定。2020 年，扎马隆断面化学需氧量、氨氮和总磷平均浓度分别为 8.1 mg/L、0.08 mg/L 和 0.04 mg/L，较 2015 年平均浓度水平分别下降了 36.2%、82.2% 和 50.0%。2022 年，扎马隆断面化学需氧量平均浓度为 5.8 mg/L，较 2020 年进一步降低了 28.3%；氨氮、总磷平均浓度分别为 0.16 mg/L、0.05 mg/L，均较 2020 年略有上升。

（3）黑嘴桥

湟水干流黑嘴桥断面（省控）氨氮、总磷和化学需氧量浓度均呈波动下降趋势。2019 年，黑嘴桥断面化学需氧量、氨氮和总磷平均浓度分别为 11.33 mg/L、0.23 mg/L 和 0.030 mg/L，较 2016 年平均浓度水平分别下降了 30.3%、61.0% 和 87.5%。

（4）报社桥

湟水干流报社桥断面（省控）氨氮、总磷浓度呈稳定下降趋势；化学需氧量浓度呈先升后降趋势，浓度峰值出现在 2016 年。2019 年，报社桥断面化学需氧量平均浓度为 13.75 mg/L，较 2015 年平均浓度水平升高了 1.2%，氨氮、总磷平均浓度分别为 0.76 mg/L、0.043 mg/L，较 2015 年平均浓度水平分别下降了 81.0% 和 82.2%。

（5）小峡桥

湟水干流小峡桥断面（国控）化学需氧量、氨氮指标浓度呈先升后降趋势，浓度峰值均出现在 2016 年，总磷指标浓度呈稳定下降趋势。“十四五”时期以来，小峡桥断面水质保持优良稳定。2020 年，小峡桥断面化学需氧量、氨氮和总磷平均浓度分别为 9.6 mg/L、0.60 mg/L 和 0.09 mg/L，较 2015 年平均浓度水平分别下降了 42.2%、72.6% 和 77.3%。2022 年，小峡桥断面化学需氧量、氨氮和总磷平均浓度分别为 10.3 mg/L、0.99 mg/L 和 0.16 mg/L，较 2020 年均略有升高，但水质类别保持稳定。

（6）湾子桥

湟水干流湾子桥断面（国控）化学需氧量指标浓度呈先升后降趋势，浓度峰值出现在2017年；断面氨氮、总磷浓度呈稳定下降趋势。2019年，湾子桥断面化学需氧量平均浓度为18.25 mg/L，较2015年平均浓度水平上升了7.9%；氨氮、总磷平均浓度分别为0.99 mg/L、0.068 mg/L，较2015年平均浓度水平分别下降了54.5%和79.7%。

（7）老鸦峡口

湟水干流老鸦峡口断面（省控）化学需氧量指标浓度呈先升后降趋势，浓度峰值出现在2017年；断面氨氮和总磷浓度呈稳定下降趋势。2019年，老鸦峡口断面化学需氧量平均浓度为19.75 mg/L，较2015年平均浓度水平上升了2.6%；氨氮、总磷平均浓度分别为0.80 mg/L、0.079 mg/L，较2015年平均浓度水平分别下降了58.2%和72.0%。

（8）民和桥（边墙村）

湟水干流民和桥（边墙村）断面（国控）化学需氧量指标浓度呈波动下降趋势，断面氨氮、总磷浓度总体呈稳定下降趋势。“十四五”时期以来，民和桥（边墙村）断面水质保持优良稳定。2020年，民和桥（边墙村）断面化学需氧量、氨氮和总磷平均浓度分别为8.80 mg/L、0.32 mg/L和0.09 mg/L，较2017年平均浓度水平分别下降了51.6%、58.4%和40.0%。2022年，民和桥（边墙村）断面化学需氧量、氨氮和总磷平均浓度分别为9.00 mg/L、0.33 mg/L和0.14 mg/L，较2022年分别升高了2.2%、3.1%和55.5%。

（9）民和东垣

湟水干流民和东垣断面（国控）为“十四五”新增断面。“十四五”时期以来，民和东垣断面水质保持优良稳定。2020年，民和东垣断面化学需氧量、氨氮和总磷平均浓度分别为10.6 mg/L、0.49 mg/L和0.10 mg/L。2022年，民和东垣断面化学需氧量、氨氮和总磷平均浓度分别为10.3 mg/L、0.64 mg/L和0.11 mg/L，相较2020年平均浓度水平，氨氮略有升高，化学需氧量、总磷保持稳定。

湟水流域“十四五”国控断面水质监测数值见表1-6。

表 1-6　湟水流域“十四五”国控断面水质监测数值

单位：mg/L

断面名称	年份	水质类别	高锰酸盐指数	生化需氧量	氨氮	化学需氧量	总氮	总磷	石油类	挥发酚	汞	铅	铜	锌	氟化物	硒	砷	镉	六价铬	氰化物	阴离子表面活性剂	硫化物
金滩	2015	Ⅱ	1.4	1.3	0.18	7.9	1.19	0.01	0.010	0.000 9	4.0×10^{-5}	0.001 0	0.001 3	0.020 0	0.292 0	0.000 4	3.0×10^{-4}	1.0×10^{-4}	2.4×10^{-2}	4.0×10^{-3}	0.050	0.005
	2016	Ⅱ	1.2	1.4	0.21	9.9	0.92	0.02	0.010	0.000 7	4.0×10^{-5}	0.001 1	0.001 0	0.020 0	0.258 3	0.000 4	3.0×10^{-4}	1.0×10^{-4}	1.5×10^{-2}	4.0×10^{-3}	0.050	0.005
	2017	Ⅱ	2.1	1.4	0.22	10.9	1.29	0.03	0.010	0.000 7	3.8×10^{-5}	0.000 7	0.001 4	0.016 5	0.256 7	0.000 4	2.9×10^{-4}	7.8×10^{-5}	1.6×10^{-2}	3.8×10^{-3}	0.058	0.005
	2018	Ⅱ	1.9	1.2	0.14	10.1	1.70	0.02	0.005	0.000 8	2.2×10^{-5}	0.000 7	0.001 4	0.014 0	0.276 7	0.000 2	2.0×10^{-4}	2.6×10^{-5}	1.5×10^{-2}	2.2×10^{-3}	0.023	0.002
	2019	Ⅰ	2.0	1.1	0.08	10.2	1.69	0.02	0.005	0.000 6	2.0×10^{-5}	0.000 8	0.001 1	0.007 6	0.255 8	0.000 2	1.6×10^{-4}	2.4×10^{-5}	1.4×10^{-2}	2.0×10^{-3}	0.024	0.002
	2020	Ⅱ	2.7	1.1	0.07	8.3	1.71	0.01	0.005	0.000 8	2.0×10^{-5}	0.000 5	0.000 8	0.003 8	0.291 2	0.000 2	2.0×10^{-4}	2.0×10^{-5}	1.2×10^{-2}	2.0×10^{-3}	0.032	0.002
	2021	Ⅱ	2.5	1.0	0.07	6.9	1.82	0.02	0.005	0.001 0	2.0×10^{-5}	0.002 0	0.002 0	0.011 0	0.315 0	0.000 2	3.0×10^{-4}	4.0×10^{-5}	1.2×10^{-2}	2.0×10^{-3}	0.030	0.002
	2022	Ⅱ	2.4	1.0	0.04	8.0	1.56	0.02	0.005	0.000 6	2.0×10^{-5}	0.001 1	0.001 5	0.011 1	0.267 8	0.000 2	6.8×10^{-4}	2.0×10^{-5}	1.1×10^{-2}	2.0×10^{-3}	0.020	0.004
扎马隆	2015	Ⅱ	2.8	2.0	0.45	12.7	1.80	0.08	0.013	0.002 0	4.0×10^{-5}	0.001 7	0.050 0	0.034 2	0.417 8	0.000 4	2.8×10^{-3}	1.2×10^{-4}	4.9×10^{-3}	4.0×10^{-3}	0.058	0.005
	2016	Ⅲ	2.4	2.8	0.37	14.9	2.46	0.12	0.013	0.001 6	4.0×10^{-5}	0.004 4	0.050 0	0.040 0	0.428 8	0.000 4	2.2×10^{-3}	1.7×10^{-4}	4.9×10^{-3}	4.0×10^{-3}	0.051	0.005
	2017	Ⅱ	2.4	2.2	0.15	10.8	1.98	0.04	0.010	0.000 7	3.8×10^{-5}	0.001 5	0.019 0	0.012 0	0.260 8	0.001 0	6.7×10^{-4}	7.7×10^{-5}	6.7×10^{-3}	3.8×10^{-3}	0.047	0.005
	2018	Ⅱ	1.9	1.2	0.13	11.9	2.42	0.03	0.005	0.000 6	2.2×10^{-5}	0.002 0	0.001 4	0.011 8	0.273 3	0.000 2	2.0×10^{-4}	2.6×10^{-5}	8.5×10^{-3}	2.2×10^{-3}	0.023	0.002
	2019	Ⅱ	2.4	1.1	0.11	10.5	2.67	0.02	0.005	0.000 9	2.0×10^{-5}	0.000 6	0.001 5	0.007 9	0.247 5	0.000 2	1.6×10^{-4}	2.4×10^{-5}	7.3×10^{-3}	2.0×10^{-3}	0.024	0.002

续表

断面名称	年份	水质类别	高锰酸盐指数	生化需氧量	氨氮	化学需氧量	总氮	总磷	石油类	挥发酚	汞	铅	铜	锌	氟化物	硒	砷	镉	六价铬	氰化物	阴离子表面活性剂	硫化物
扎马隆	2020	Ⅱ	3.0	1.1	0.08	8.1	2.97	0.04	0.005	0.000 5	2.0×10^{-5}	0.001 0	0.001 2	0.002 4	0.305 8	0.000 2	2.0×10^{-4}	2.0×10^{-5}	6.1×10^{-3}	2.0×10^{-3}	0.027	0.002
	2021	Ⅱ	3.1	1.0	0.12	6.9	3.18	0.05	0.005	0.001 2	2.0×10^{-5}	0.003 0	0.002 0	0.013 0	0.323 0	0.000 2	3.0×10^{-4}	4.0×10^{-5}	6.0×10^{-3}	2.0×10^{-3}	0.020	0.002
	2022	Ⅱ	2.5	0.9	0.16	5.8	3.13	0.05	0.005	0.000 7	2.0×10^{-5}	0.001 3	0.002 5	0.025 0	0.309 8	0.000 2	4.8×10^{-4}	3.0×10^{-5}	6.8×10^{-3}	2.0×10^{-3}	0.020	0.004
小峡桥	2015	劣Ⅴ	3.7	5.6	2.19	16.6	6.15	0.32	0.018	0.002 5	4.0×10^{-5}	0.001 8	0.050 0	0.055 8	0.481 9	0.000 4	4.4×10^{-3}	2.2×10^{-4}	7.3×10^{-3}	4.0×10^{-3}	0.170	0.005
	2016	劣Ⅴ	3.4	3.6	2.35	21.0	6.22	0.27	0.010	0.002 1	4.0×10^{-5}	0.001 8	0.050 0	0.036 7	0.459 3	0.000 4	3.8×10^{-3}	2.0×10^{-4}	9.0×10^{-3}	4.0×10^{-3}	0.097	0.005
	2017	Ⅴ	3.1	4.9	1.69	18.5	4.80	0.20	0.010	0.001 0	4.0×10^{-5}	0.001 4	0.018 3	0.015 0	0.310 8	0.001 1	1.5×10^{-3}	1.2×10^{-4}	5.8×10^{-3}	3.8×10^{-3}	0.096	0.005
	2018	Ⅳ	2.6	3.2	1.29	16.4	4.52	0.09	0.005	0.001 2	2.7×10^{-5}	0.001 4	0.002 4	0.034 7	0.340 0	0.000 2	2.2×10^{-4}	3.4×10^{-5}	6.0×10^{-3}	2.2×10^{-3}	0.061	0.002
	2019	Ⅲ	2.5	2.7	0.83	12.3	4.92	0.07	0.005	0.001 4	2.0×10^{-5}	0.001 1	0.001 5	0.015 3	0.287 5	0.000 2	2.7×10^{-4}	2.4×10^{-5}	4.3×10^{-3}	2.0×10^{-3}	0.024	0.002
	2020	Ⅲ	2.6	2.5	0.60	9.6	4.24	0.09	0.005	0.001 5	4.7×10^{-5}	0.004 4	0.003 9	0.012 3	0.323 6	0.000 2	2.4×10^{-4}	2.8×10^{-5}	5.1×10^{-3}	2.0×10^{-3}	0.046	0.002
	2021	Ⅲ	3.8	1.7	0.71	8.8	4.64	0.10	0.005	0.001 5	3.0×10^{-5}	0.001 0	0.002 0	0.011 0	0.379 0	0.000 2	3.0×10^{-4}	6.0×10^{-5}	4.0×10^{-3}	2.0×10^{-3}	0.050	0.002
	2022	Ⅲ	3.7	1.6	0.99	10.3	4.50	0.16	0.005	0.000 9	2.5×10^{-5}	0.001 3	0.004 3	0.020 8	0.358 8	0.000 2	6.3×10^{-4}	2.0×10^{-5}	2.0×10^{-3}	2.0×10^{-3}	0.040	0.007
乐都	2020	Ⅲ	3.0	3.4	0.59	10.9	4.95	0.11	0.005	0.001 3	2.0×10^{-5}	0.001 1	0.004 6	0.020 0	0.300 3	0.000 2	2.5×10^{-4}	2.5×10^{-5}	3.3×10^{-3}	2.0×10^{-3}	0.049	
	2021	Ⅲ	2.9	2.0	0.68	11.0	5.07	0.13	0.005	0.001 0	2.0×10^{-5}	0.001 0	0.006 0	0.024 0	0.400 0	0.000 2	4.0×10^{-4}	6.0×10^{-5}	2.0×10^{-3}	2.0×10^{-3}	0.040	
	2022	Ⅲ	2.7	2.2	0.77	9.8	4.00	0.16	0.005	0.000 9	2.0×10^{-5}	0.001 5	0.003 3	0.024 3	0.349 5	0.000 2	6.3×10^{-4}	2.0×10^{-5}	2.0×10^{-3}	2.0×10^{-3}	0.020	

续表

断面名称	年份	水质类别	高锰酸盐指数	生化需氧量	氨氮	化学需氧量	总氮	总磷	石油类	挥发酚	汞	铅	铜	锌	氟化物	硒	砷	镉	六价铬	氰化物	阴离子表面活性剂	硫化物
边墙村	2017	Ⅳ	3.1	4.6	0.77	18.2	4.48	0.15	0.010	0.002 7	4.0×10^{-5}	0.001 0	0.001 5	0.020 0	0.226 7	0.000 4	3.0×10^{-4}	1.0×10^{-4}	4.0×10^{-3}	4.0×10^{-3}	0.090	0.005
	2018	Ⅳ	2.3	3.7	1.25	20.8	5.67	0.14	0.010	0.001 8	4.0×10^{-5}	0.001 0	0.001 0	0.020 0	0.220 0	0.000 4	3.0×10^{-4}	1.0×10^{-4}	5.2×10^{-3}	4.0×10^{-3}	0.080	0.005
	2019	Ⅳ	2.2	3.4	0.92	20.2	5.63	0.08	0.010	0.001 6	4.0×10^{-5}	0.001 0	0.001 6	0.020 0	0.177 5	0.000 4	3.0×10^{-4}	1.0×10^{-4}	4.0×10^{-3}	4.0×10^{-3}	0.085	0.005
	2020	Ⅱ	3.2	1.3	0.32	8.8	3.89	0.09	0.005	0.000 7	2.0×10^{-5}	0.000 9	0.008 1	0.017 2	0.203 3	0.000 2	2.5×10^{-4}	3.3×10^{-5}	2.0×10^{-3}	2.0×10^{-3}	0.020	0.002
	2021	Ⅲ	4.0	1.0	0.37	6.5	5.16	0.10	0.005	0.000 8	2.0×10^{-5}	0.003 0	0.009 0	0.019 0	0.254 0	0.000 2	4.0×10^{-4}	4.0×10^{-5}	2.0×10^{-3}	2.0×10^{-3}	0.040	0.002
	2022	Ⅲ	3.2	1.4	0.33	9.0	5.74	0.14	0.005	0.000 7	2.0×10^{-5}	0.001 6	0.005 5	0.024 5	0.284 3	0.000 2	9.3×10^{-4}	2.0×10^{-5}	2.0×10^{-3}	2.0×10^{-3}	0.028	0.004
民和东垣	2020	Ⅲ	2.4	2.5	0.49	10.6	5.22	0.10	0.005	0.001 4	2.0×10^{-5}	0.001 4	0.004 9	0.029 7	0.307 8	0.000 2	2.9×10^{-4}	3.0×10^{-5}	3.0×10^{-3}	2.0×10^{-3}	0.049	0.002
	2021	Ⅲ	2.7	1.3	0.47	10.9	5.26	0.13	0.005	0.000 8	2.0×10^{-5}	0.002 0	0.010 0	0.030 0	0.294 0	0.000 2	7.0×10^{-4}	4.0×10^{-5}	2.0×10^{-3}	2.0×10^{-3}	0.030	0.002
	2022	Ⅲ	2.6	1.2	0.64	10.3	4.38	0.11	0.005	0.001 2	2.0×10^{-5}	0.001 5	0.003 3	0.012 3	0.315 3	0.000 2	5.0×10^{-4}	2.0×10^{-5}	2.0×10^{-3}	2.0×10^{-3}	0.020	0.004

从不同水期水质状况对比来看，湟水干流及其支流断面枯水期氨氮、总磷污染状况较丰水期明显严重，尤其是湟水干流西钢桥至民和桥断面段、支流北川河桥头桥至朝阳桥断面段，以及沙塘川河和南川河等支流，这一现象尤其明显。“十三五”时期，湟水干流西宁段西钢桥、报社桥、新宁桥、小峡桥断面，海东段湾子桥断面枯水期氨氮、总磷浓度总体为V类；“十四五”时期，湟水干流西宁段、海东段水质虽显著改善，但保持良好水质压力依然较大（图 1-8～图 1-10）。

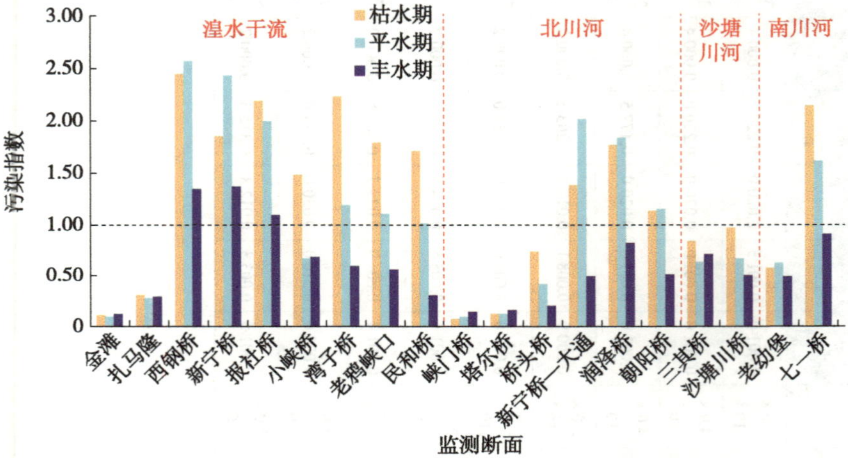

图 1-8　湟水流域主要水质断面枯、平、丰水期氨氮污染指数

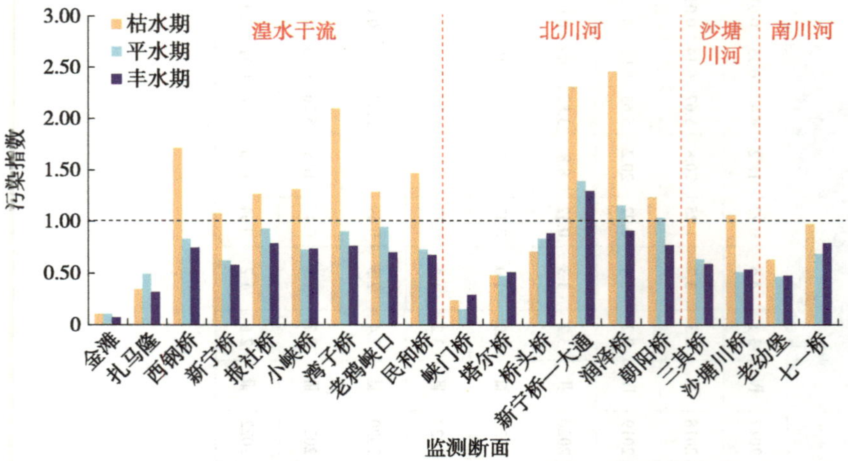

图 1-9　湟水流域主要水质断面枯、平、丰水期总磷污染指数

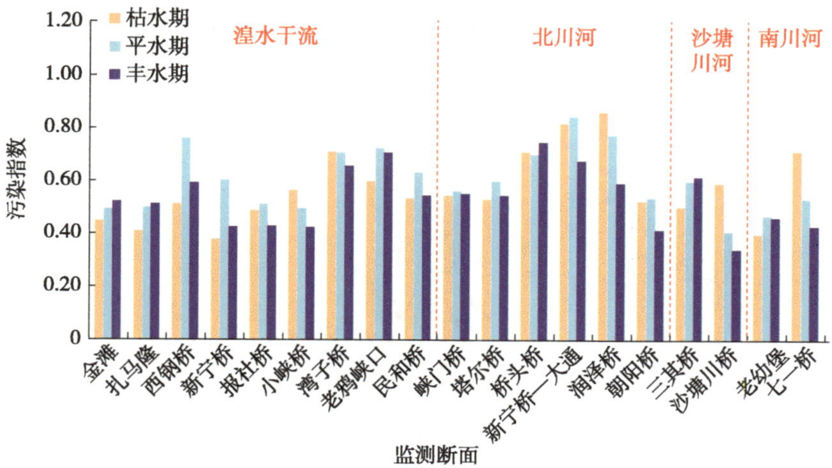

图 1-10　湟水流域主要水质断面枯、平、丰水期化学需氧量污染指数

1.3.2　污染源排放

1.3.2.1　点源排放

（1）工业源

根据青海省 2021 年环境统计数据，湟水流域共有工业企业 246 家，其中涉水工业企业 62 家。各市（州）中，西宁市涉水企业 45 家（其中，生物科技产业园区 13 家、东川工业园区 7 家、南川工业园区 7 家、甘河工业园区 5 家、大通县 7 家、城北区 3 家、城东区 1 家、湟源县 2 家），海东市涉水企业 15 家（其中，互助县 10 家、平安区 3 家、乐都区 1 家、民和县 1 家），海北州涉水企业 2 家（均在海晏县）。从行业来看，食品加工企业 19 家，占涉水企业总数的 30.6%；屠宰企业 11 家，占涉水企业总数的 17.7%；化工企业 9 家，占涉水企业总数的 14.5%；电子企业 7 家，占涉水企业总数的 11.3%；制药企业 6 家，占涉水企业总数的 9.7%，见图 1-11。

2021 年，流域工业废水排放量 1 028.34 万 t/a，其中直排入地表水环境工业废水 578.44 万 t/a，占 56.2%；排入污水处理厂工业废水 449.90 万 t/a，占 43.8%。主要工业源水污染物化学需氧量排放量 447.35 t/a，氨氮排放量 20.73 t/a，总氮（TN）排放量 67.97 t/a，总磷排放量 2.04 t/a。流域涉重金属排放企业

1家，总砷、总铅、总镉、六价铬排放量分别为0.26 kg/a、4.41 kg/a、1.56 kg/a、1.43 kg/a。

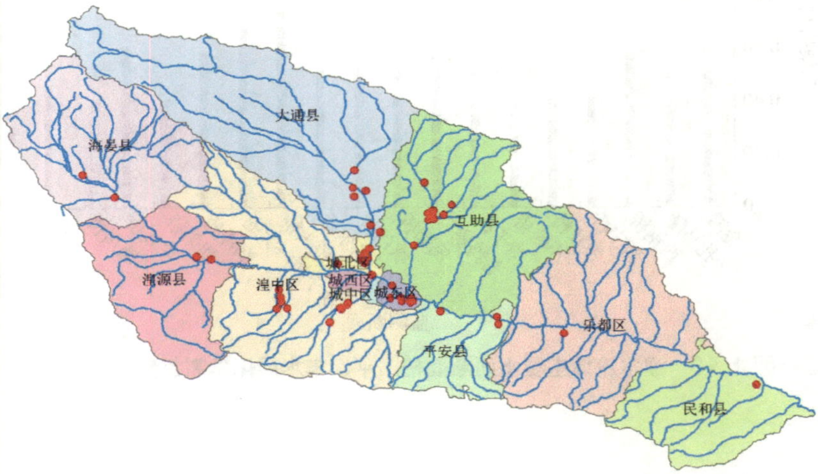

图 1-11　湟水流域工业源分布

湟水干流周边1 km范围内有工业废水排放企业9家（其中，西宁市7家，海东市、海北州各1家），工业废水均排入污水处理厂经处理后排入湟水，见表1-7。

表 1-7　湟水干流 1 km 范围内涉水工业企业清单

单位名称	市（州）	区（县）	行业类别名	经度/（°）	纬度/（°）	排入污水处理厂	受纳水体
海东市平安区马大罕畜禽屠宰有限公司	海东市	平安区	牲畜屠宰	102.133 9	36.509 44	青海清源环保开发有限公司（平安污水处理厂）	湟水
青海黄河上游水电开发有限责任公司新能源分公司	西宁市	东川工业园区	电子专用材料制造	101.886 7	36.557 78	东川工业园区工业污水处理厂	湟水
青海诺德新材料有限公司	西宁市	东川工业园区	电子专用材料制造	101.883 9	36.565	东川工业园区工业污水处理厂	湟水

续表

单位名称	市（州）	区（县）	行业类别名	经度/（°）	纬度/（°）	排入污水处理厂	受纳水体
青海电子材料产业发展有限公司	西宁市	东川工业园区	电子专用材料制造	101.880 8	36.565 83	东川工业园区工业污水处理厂	湟水
青海铝型材厂	西宁市	东川工业园区	铝压延加工	101.852 5	36.568 06	西宁市污水处理有限公司第三污水处理厂	湟水
中国铁路青藏集团有限公司西宁机务段	西宁市	城东区	铁路运输设备修理	101.826 1	36.605 56	西宁市污水处理有限公司第一污水处理厂	湟水
青海制药有限公司	西宁市	城北区	化学药品原料药制造	101.766 1	36.638 89	西宁市污水处理有限公司第三污水处理厂	湟水
青海湟源日月山醋业有限责任公司	西宁市	湟源县	酱油、食醋及类似制品制造	101.293 9	36.687 78	湟源县城镇污水处理厂	湟水
青海夏华清真肉食品有限公司	海北州	海晏县	牲畜屠宰	101.010 6	36.878 61	海晏天普伟业环保污水建设运营有限公司	湟水

（2）污水集中处理设施排放源

根据青海省 2021 年环境统计数据，湟水流域共有污水处理厂 20 家，其中城镇污水处理厂 17 家、工业污水处理厂 3 家。各市（州）中，西宁市有污水处理厂 12 家（工业污水处理厂 2 家）、海东市有污水处理厂 6 家（工业污水处理厂 1 家）、海北州有污水处理厂 2 家。除青海中关村高新技术产业基地污水处理厂外，其他 19 家污水处理厂均达到《城镇污水处理厂污染物排放标准》（GB 18918—2002）一级 A 排放标准（以下简称一级 A）。污水处理厂尾水受纳水体为湟水干流的有 15 家，受纳水体为其他支流的有 5 家，见图 1-12 和表 1-8。

2021 年，湟水流域污水处理厂污水处理能力为 60.13 万 t/d，实际污水处理量 18 474.11 万 t/a，其中，生活污水处理量 18 049.89 万 t/a，工业污水处理量 424.23 万 t/a。污水处理厂污泥产生量 10.73 万 t/a，污泥处理量 10.73 万 t/a。流域污水处理厂化学需氧量排放量 3 983.70 t/a，氨氮排放量 709.94 t/a，总氮排放量 2 117.21 t/a，总磷排放量 78.87 t/a。

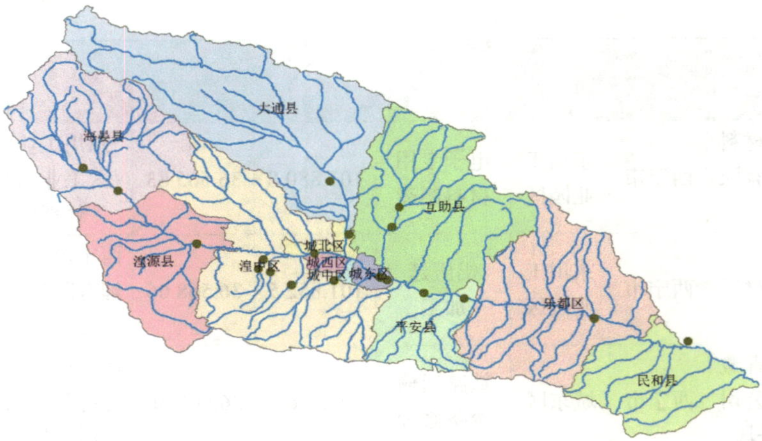

图 1-12 湟水流域污水处理厂分布

表 1-8 湟水流域内污水处理厂清单

污水处理厂	市（州）	区（县）	经度/（°）	纬度/（°）	污水处理设施类型	受纳水体	执行排放标准
西宁市污水处理有限公司第一污水处理厂	西宁市	城东区	101.870	36.571	城镇污水处理厂	湟水	一级 A
西宁市污水处理有限公司第三污水处理厂	西宁市	城东区	101.873	36.569	城镇污水处理厂	湟水	一级 A
西宁市污水处理有限公司第四污水处理厂	西宁市	城北区	101.665	36.651	城镇污水处理厂	湟水	一级 A
西宁市污水处理有限公司第五污水处理厂	西宁市	城北区	101.774	36.713	城镇污水处理厂	湟水	一级 A
西宁市湟中区江源给排水有限责任公司	西宁市	湟中区	101.592	36.545	城镇污水处理厂	石灰沟	一级 A
大通县润清污水处理有限责任公司	西宁市	大通县	101.714	36.890	城镇污水处理厂	北川河	一级 A
湟源县城镇污水处理厂	西宁市	湟源县	101.293	36.684	城镇污水处理厂	湟水	一级 A
青海甘河水处理有限责任公司东区生活污水处理厂	西宁市	甘河工业园区	101.526	36.589	城镇污水处理厂	湟水	一级 A
青海甘河水处理有限责任公司西区生活污水处理厂	西宁市	甘河工业园区	101.503	36.631	城镇污水处理厂	湟水	一级 A

续表

污水处理厂	市（州）	区（县）	经度 /（°）	纬度 /（°）	污水处理设施类型	受纳水体	执行排放标准
青海甘河水处理有限责任公司工业废水集中处理厂	西宁市	甘河工业园区	101.487	36.599	工业废水集中处理厂	湟水	一级 A
西宁市污水处理有限公司第六污水处理厂	西宁市	东川工业园区	101.894	36.562	城镇污水处理厂	湟水	一级 A
西宁市污水处理有限公司城南污水处理厂	西宁市	南川工业园区	101.726	36.561	工业废水集中处理厂	南川河	一级 A
海东市乐都区污水处理厂	海东市	乐都区	102.549	36.431	城镇污水处理厂	湟水	一级 A
青海中关村高新技术产业基地污水处理厂	海东市	平安区	102.010	36.517	其他污水处理设施	湟水	其他排放
平安污水处理厂	海东市	平安区	102.139	36.499	城镇污水处理厂	湟水	一级 A
民和县清湟污水处理厂	海东市	民和县	102.846	36.354	城镇污水处理厂	湟水	一级 A
互助县第二污水处理厂	海东市	互助县	101.911	36.737	城镇污水处理厂	沙塘川	一级 A
互助县第一污水处理厂	海东市	互助县	101.934	36.803	城镇污水处理厂	沙塘川	一级 A
海北恒洁污水处理有限公司	海北州	海晏县	100.934	36.937	城镇污水处理厂	湟水	一级 A
海晏天普伟业环保污水建设运营有限公司	海北州	海晏县	101.044	36.860	城镇污水处理厂	湟水	一级 A

1.3.2.2 非点源排放

基于湟水流域土地利用与社会经济统计数据，利用构建的湟水流域非点源模型，开展湟水流域非点源的排放量解析研究。

核算湟水流域非点源化学需氧量负荷排放量 48 475.7 t/a，总氮负荷排放量 13 183.3 t/a，氨氮负荷排放量 8 135.1 t/a，总磷负荷排放量 1 306.0 t/a。从主要负荷来源来看，城市面源、农村生活面源是化学需氧量的主要来源，分别占流域非点源的 71.2%、27.5%；农村生活、城市面源是总氮的主要来源，分别占流域非点源的 49.4%、45.6%；城市面源、农村生活面源是氨氮的主要来源，分别占流域非点源的 58.9%、40.0%；农业种植、城市面源是总磷的主要来源，分别占流域非点源的 40.5%、31.8%。农村散养畜禽排放对面源的整体贡献已经很少，见表 1-9。

表 1-9 湟水流域各类非点源污染负荷排放量 单位：t/a

类型	化学需氧量	总氮	总磷	氨氮
城市面源	34 528.44	6 010.51	415.62	4 795.61
农村生活	13 350.59	6 512.48	358.20	3 256.24
农业种植	92.40	622.11	529.46	69.29
散养畜禽	504.29	38.21	2.75	13.94
水产养殖	8.18	1.29	0.35	0.31

湟水流域内各区（县）非点源污染负荷排放量如表 1-10 和图 1-13 所示。非点源化学需氧量主要排放县级市为城东区（7 090.11 t/a），其次是城中区（5 596.33 t/a）和城北区（5 353.48 t/a）；总氮排放主要集中在湟中区（1 508.12 t/a）和大通县（1 506.63 t/a），民和县（1 447.42 t/a）、海晏县（1 328.78 t/a）和城东区（1 301.39 t/a）也具有较大的排放贡献；总磷排放量集中在湟中区（221.02 t/a）、大通县（236.62 t/a）与民和县（189.75 t/a）；氨氮污染贡献最大的区（县）为城东区（1 007.14 t/a），其次为城中区（804.02 t/a）、民和县（803.58 t/a）与城北区（786.70 t/a）。

表 1-10 湟水流域内各区（县）非点源污染负荷排放量

区（县）	污染物负荷量 /（t/a）			
	化学需氧量	总氮	总磷	氨氮
城东区	7 090.11	1 301.39	88.73	1 007.14
城中区	5 596.33	1 056.86	73.49	804.02
城西区	5 094.70	924.91	63.28	720.25
城北区	5 353.48	1 064.90	76.86	786.70

续表

区（县）	污染物负荷量 /（t/a）			
	化学需氧量	总氮	总磷	氨氮
湟中区	3 836.52	1 508.12	221.02	768.49
大通县	3 291.60	1 506.63	236.62	725.07
湟源县	1 374.07	468.71	42.58	253.90
乐都区	3 326.28	904.04	56.16	566.66
平安区	1 590.97	407.08	27.16	260.23
民和县	4 281.23	1 447.42	189.75	803.58
互助县	3 732.22	1 265.76	93.15	714.01
海晏县	3 916.38	1 328.78	137.58	725.34

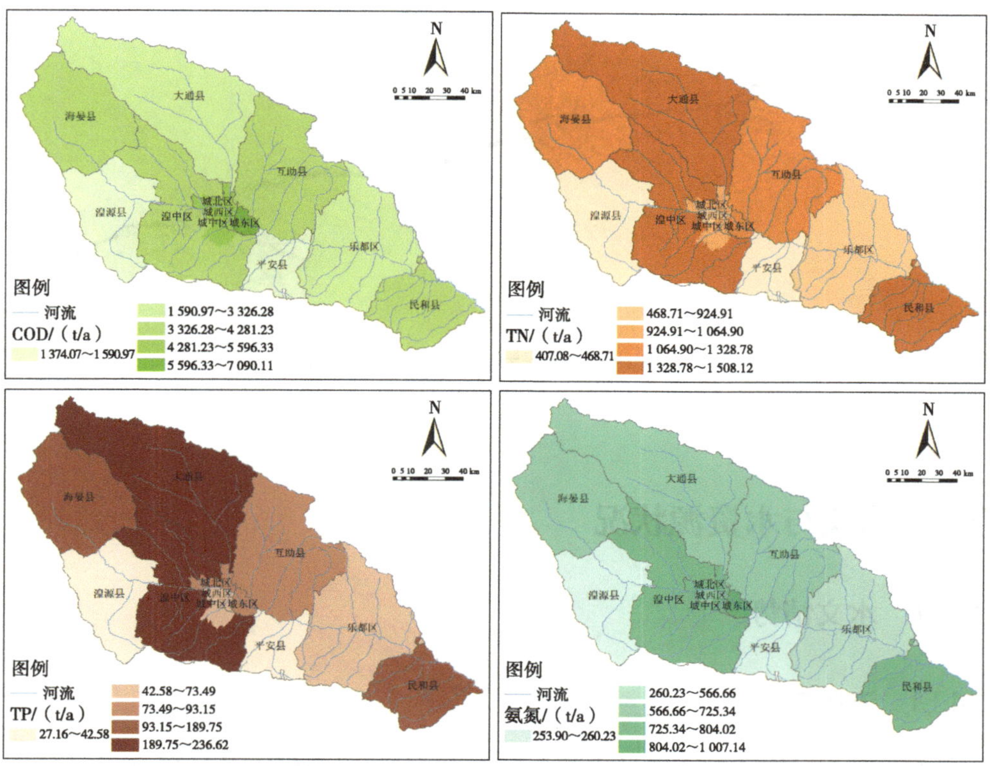

图 1-13　湟水流域分区（县）非点源污染排放量

1.3.2.3 排污口分布

根据2020年黄河流域试点地区入河排污口排查结果，湟水河干流及其主要支流岸线共有入河排污口2 334个，其中湟水干流有入河排污口934个。各市（州）中，海北州有入湟水干流排污口41个（均在海晏县），西宁市有入湟水排污口442个（其中，湟源县有192个、城东区79个、城北区66个、湟中区58个、城西区45个、城中区2个），海东市有入湟水排污口450个（其中，乐都区226个、民和县134个、平安区61个、互助县29个），见图1-14。

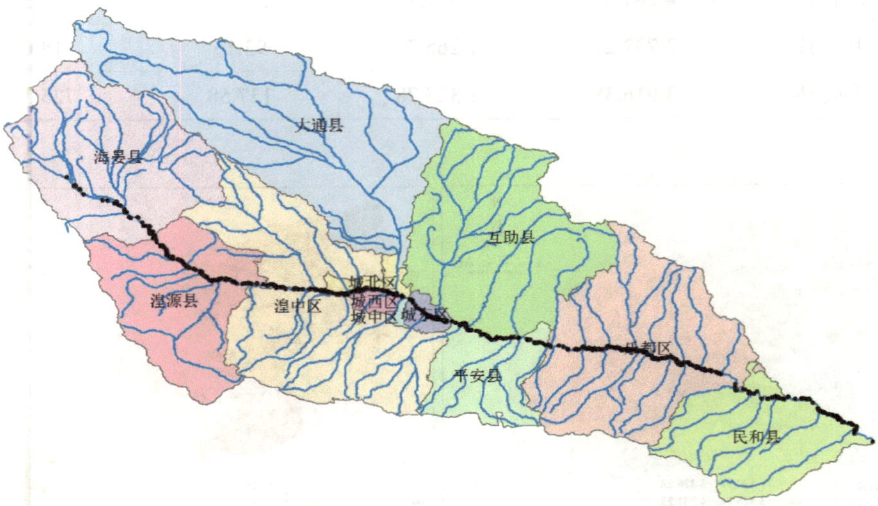

图1-14 湟水干流入河排污口分布

1.4 水文与水资源状况

1.4.1 水文情势

1.4.1.1 流量变化

2015—2021年，湟水流域主要水文站点逐月流量变化如图1-15所示。

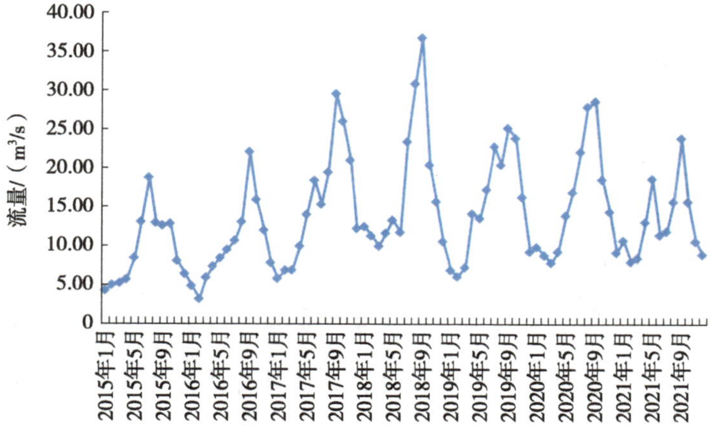
40.00
35.00
30.00
25.00
20.00
15.00
10.00
5.00
0
流量/（m³/s）
2015年1月
2015年5月
2015年9月
2016年1月
2016年5月
2016年9月
2017年1月
2017年5月
2017年9月
2018年1月
2018年5月
2018年9月
2019年1月
2019年5月
2019年9月
2020年1月
2020年5月
2020年9月
2021年1月
2021年5月
2021年9月

（a）湟源

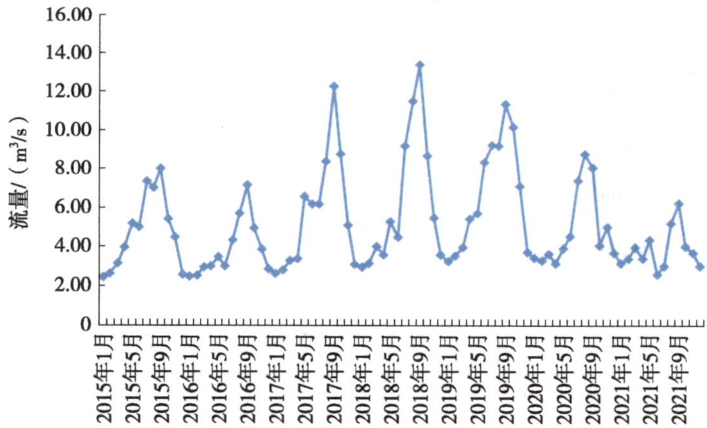
16.00
14.00
12.00
10.00
8.00
6.00
4.00
2.00
0
流量/（m³/s）
2015年1月
2015年5月
2015年9月
2016年1月
2016年5月
2016年9月
2017年1月
2017年5月
2017年9月
2018年1月
2018年5月
2018年9月
2019年1月
2019年5月
2019年9月
2020年1月
2020年5月
2020年9月
2021年1月
2021年5月
2021年9月

（b）海晏（三）

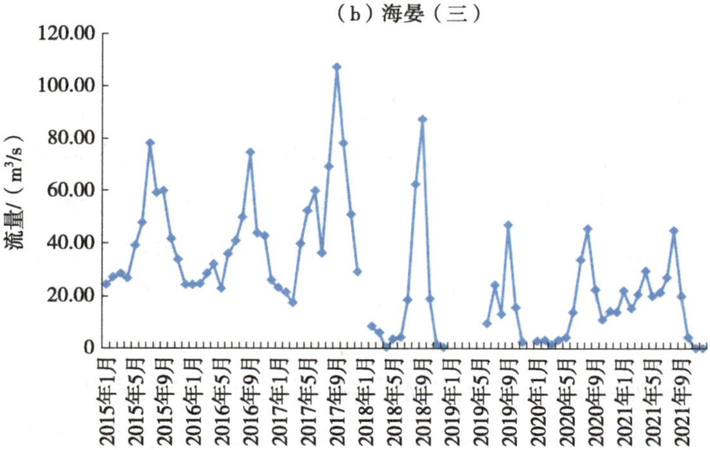
120.00
100.00
80.00
60.00
40.00
20.00
0
流量/（m³/s）
2015年1月
2015年5月
2015年9月
2016年1月
2016年5月
2016年9月
2017年1月
2017年5月
2017年9月
2018年1月
2018年5月
2018年9月
2019年1月
2019年5月
2019年9月
2020年1月
2020年5月
2020年9月
2021年1月
2021年5月
2021年9月

（c）西宁

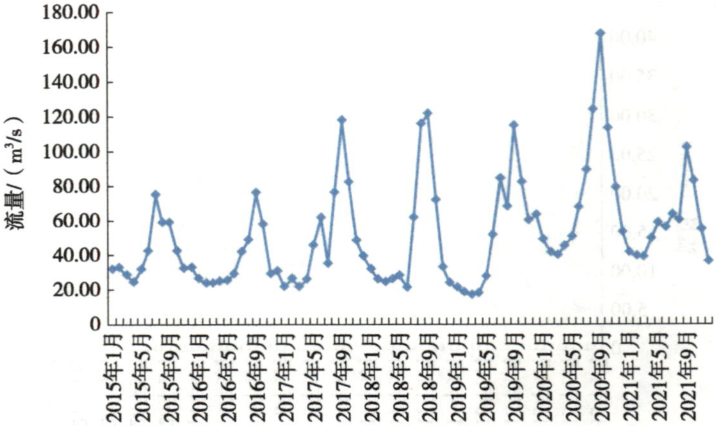

（d）乐都

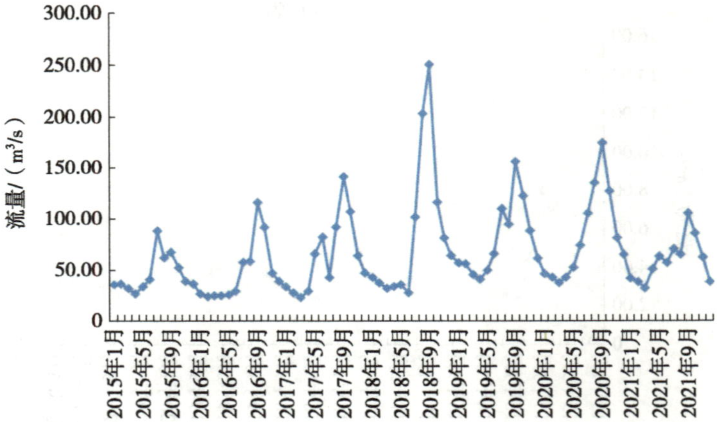

（e）民和

图 1-15　湟水流域主要水文站点 2015—2021 年逐月流量变化

从主要水文站点年内径流量的各月分布情况来看，7—9 月为月径流量的集中期，受雨季降水集中发生等因素影响，多洪水发生，洪水暴涨暴落，起涨特别快，洪峰历时短，落水过程稍慢，主要水文站径流量占全年径流量的 55% 左右，而其中 8 月为年径流量的峰值期，当月径流量约占全年的 17%，冰封期 2 月则为年径流的谷值期，当月径流量约占全年的 2%，径流主要依靠地下水补给。

湟水流域主要水文站补给水源以雨水为主，受 2015 年以来流域水文情势整体转丰、年均降水量显著增加等因素影响，主要断面径流量均显著高于多年平均水平，且年季变化和季节变化均较大。2015—2021 年，湟水干流海晏（三）、湟源、西宁、乐都、民和站径流量分别为 1.30 亿 m^3/a、4.26 亿 m^3/a、5.98 亿 m^3/a、

17.65 亿 m^3/a 和 21.07 亿 m^3/a。海晏（三）、湟源、西宁站最大径流量分别出现在 2017 年、2018 年和 2015 年，分别为 1.65 亿 m^3、5.21 亿 m^3 和 12.90 亿 m^3；乐都、民和站最大径流量均出现在 2020 年，分别为 24.24 亿 m^3、26.81 亿 m^3。海晏（三）、湟源、民和站最小径流量均出现在 2015 年，分别为 0.82 亿 m^3、2.88 亿 m^3 和 14.57 亿 m^3；西宁站最小径流量出现在 2017 年，为 1.91 亿 m^3；乐都站最小径流量出现在 2016 年，为 12.11 亿 m^3，见图 1-16。

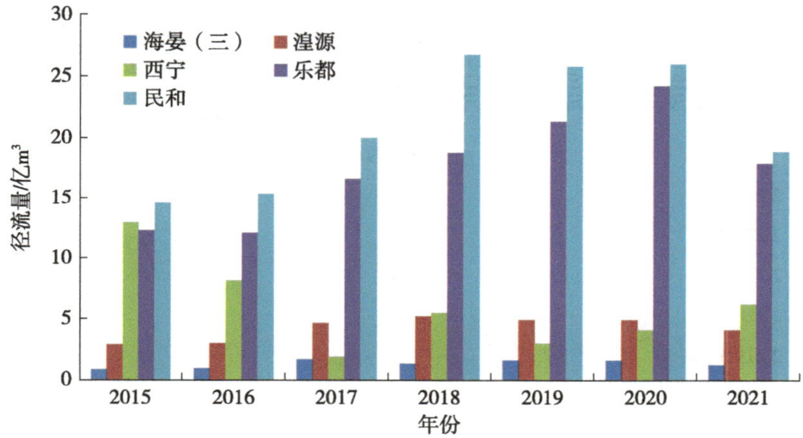

图 1-16　湟水流域主要水文站点 2015—2021 年径流量变化

1.4.1.2　水位变化

2015—2021 年，湟水流域主要水文站点逐月水位变化如图 1-17 所示。

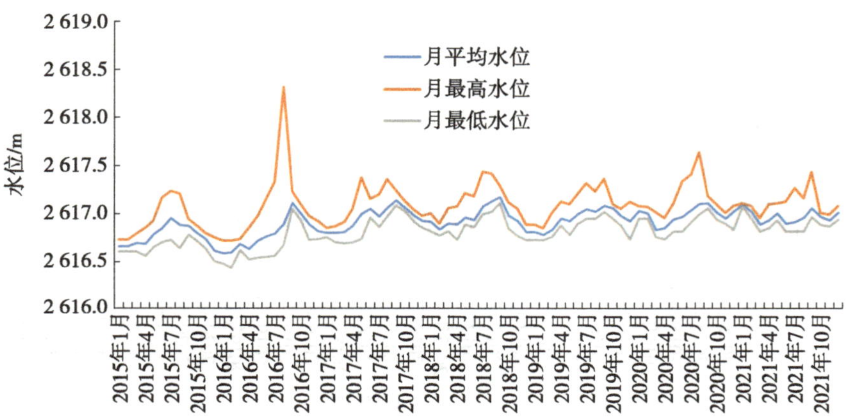

（a）湟源

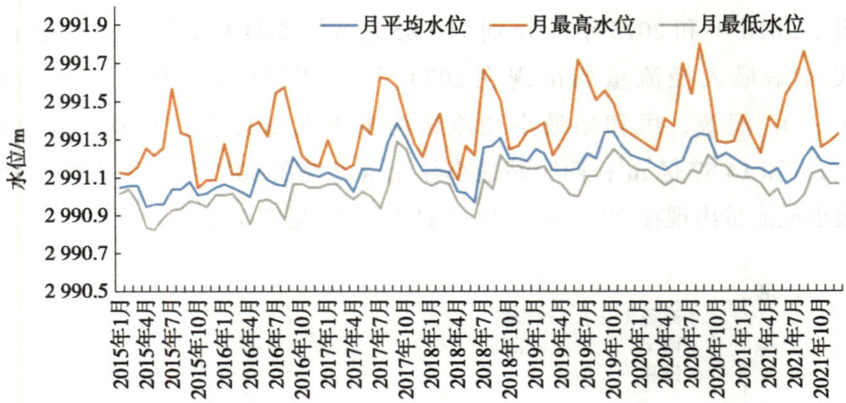
月平均水位
月最高水位
月最低水位
水位/m

（b）海晏（三）

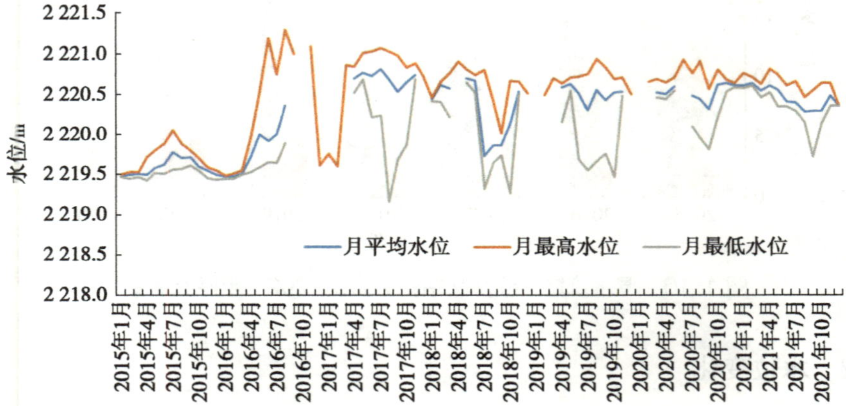
月平均水位
月最高水位
月最低水位
水位/m

（c）西宁

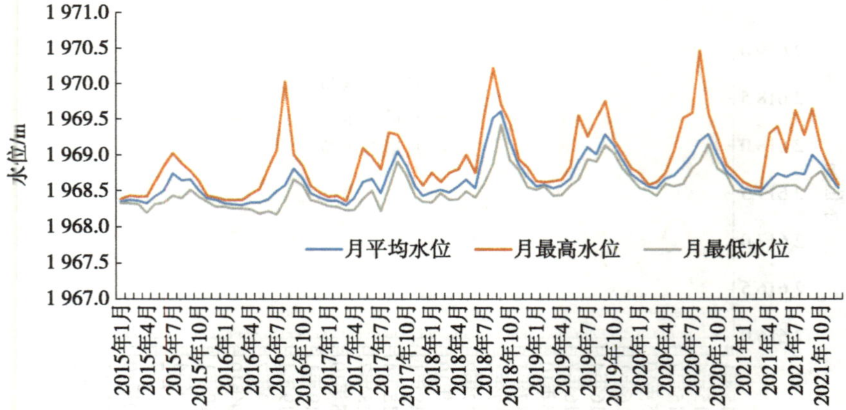
月平均水位
月最高水位
月最低水位
水位/m

（d）乐都

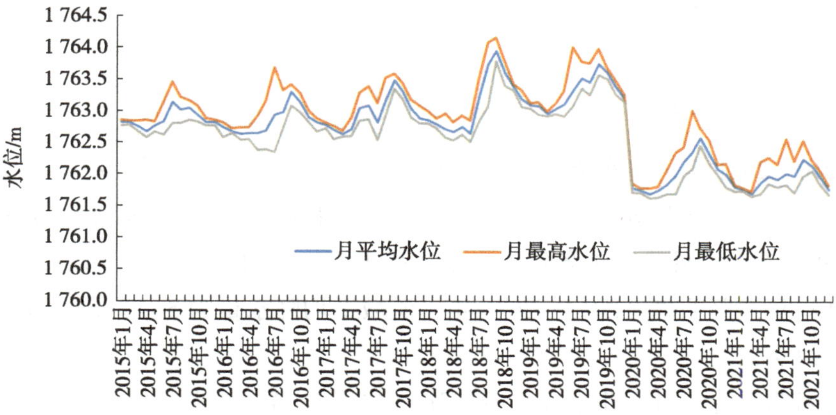

（e）民和

图 1-17　湟水流域主要水文站点 2015—2021 年逐月水位变化

2015—2021 年，湟源站水位总体保持稳定，多年平均水位 2 616.9 m（黄海基面以上米数），月平均高水位 2 617.1 m，月实测最高水位 2 618.3 m，出现在 2016 年 8 月；月平均低水位 2 616.8 m，月实测最低水位 2 616.4 m，出现在 2016 年 2 月。

海晏（三）站水位总体呈轻微上升趋势，多年平均水位 2 991.1 m（黄海基面以上米数），月平均高水位 2 991.8 m，月实测最高水位 2 991.1 m，出现在 2020 年 8 月；月平均低水位 2 991.0 m，月实测最低水位 2 990.8 m，出现在 2015 年 5 月；2021 年断面平均水位较 2015 年上升了 0.13 m。

西宁站水位总体呈上升趋势，多年平均水位 2 220.2 m（黄海基面以上米数），月平均高水位 2 220.5 m，月实测最高水位 2 221.3 m，出现在 2016 年 8 月；月平均低水位 2 220.0 m，2016—2020 年枯水期部分月份断面发生断流。

乐都站水位总体保持稳定，多年平均水位 1 968.7 m（黄海基面以上米数），月平均高水位 1 968.9 m，月实测最高水位 1 970.5 m，出现在 2020 年 8 月；月平均低水位 1 968.5 m，月实测最低水位 1 968.2 m，出现在 2016 年 7 月。

民和站水位"十三五"时期以前总体稳定，"十四五"时期以来明显降低，多年平均水位 1 762.7 m（黄海基面以上米数），月平均高水位 1 762.9 m，月实测最高水位 1 764.2 m，出现在 2018 年 9 月；月平均低水位 1 762.6 m，月实测最低水位 1 761.6 m，出现在 2020 年 3 月。2021 年断面平均水位较 2015 年降低了 0.95 m。

1.4.2 水资源量

1.4.2.1 水资源总量

2010—2021 年，湟水流域总体降水量呈波动上升趋势，除 2010 年、2011 年和 2015 年 3 年流域降水量低于多年平均值（湟水流域多年平均降水量 496.7 mm，折合 79.5 亿 m^3）外，其他各年降水量均高于多年平均值，2015 年以后年均降水量升高趋势尤其明显。2015—2021 年，流域平均降水量为 541.5 mm，较多年均值偏多约 9%。

从同期水资源量变化情况来看，除 2013 年流域水资源量略低于多年平均水资源量（21.0 亿 m^3）外，其他各年流域水资源量均高于多年平均水平。2015 年以来，流域水资源量总体呈明显上升趋势。同期，流域总水资源量为 28.14 亿 m^3，较多年均值偏多 34.0%，见表 1-11。

表 1-11 湟水流域 2010—2021 年水资源量变化

年份	地表水资源量 / 亿 m^3	地下水资源量 / 亿 m^3	地表水与地下水资源非重复水量 / 亿 m^3	水资源总量 / 亿 m^3
2021	24.66	14.75	1.52	26.18
2020	31.10	15.64	0.23	31.33
2019	32.34	16.54	0.24	32.58
2018	34.79	17.59	0.24	35.03
2017	26.56	14.49	0.29	26.85
2016	22.57	12.33	0.29	22.86
2015	21.92	11.95	0.22	22.14
2014	25.68	14.12	0.37	26.05
2013	19.46	10.66	0.22	19.68
2012	25.77	13.98	0.30	26.07
2011	22.55	12.43	0.27	22.82
2010	21.84	12.29	0.82	22.66

1.4.2.2 供用耗水量

2021 年，湟水流域总供水量为 8.42 亿 m^3，其中，地表水源供水量 6.56 亿 m^3，占总供水量的 77.9%；地下水源供水量 1.53 亿 m^3，占总供水量的 18.2%；其他水源供水量 0.33 亿 m^3，占总供水量的 3.9%。

流域总用水 8.42 亿 m^3，其中，农田灌溉用水量 3.41 亿 m^3，占总用水量的 40.5%；林牧用水量 1.81 亿 m^3，占总用水量的 21.5%；居民生活用水量 1.21 亿 m^3，占总用水量的 14.4%；工业用水量 0.61 亿 m^3，占总用水量的 7.2%；城镇公共用水量 0.55 亿 m^3，占总用水量的 6.5%；生态环境用水量 0.83 亿 m^3，占总用水量的 9.9%。

流域总耗水量 4.87 亿 m^3，其中，农田灌溉耗水量 2.22 亿 m^3，林牧业耗水量 1.32 亿 m^3，工业耗水量 0.29 亿 m^3，城镇公共耗水量 0.17 亿 m^3，居民生活耗水量 0.60 亿 m^3，生态环境耗水量 0.27 亿 m^3。

1.4.3　水利工程建设

1.4.3.1　水利水电工程

截至 2020 年年底，湟水流域已建水库 96 座，总库容为 3.31 亿 m^3，兴利库容为 2.1 亿 m^3。湟水干流自上游至下游现建有水电站 24 座，其中，引水式电站 20 座、河床式水电站 2 座（关家河滩水电站、金星水电站）、坝后式水电站 1 座（东大滩水电站）、渠道式水电站 1 座（东垣渠水电站），见表 1-12。水电总装机容量为 10.14 万 kW。

表 1-12　湟水流域水利水电工程

序号	水电站名称	所在市（州）	所在区（县）	所在乡镇	经度 /（°）	纬度 /（°）	河流
1	湟源县塔湾乡下脖项水电站	西宁市	湟源县	东峡乡	101.397 05	36.667 53	湟水
2	湟源山城水电有限公司	西宁市	湟源县	东峡乡	101.427 1	36.667 81	湟水
3	湟源晶鑫水利开发有限公司	西宁市	湟源县	东峡乡	101.413 95	36.670 28	湟水
4	湟源兆麟水电有限责任公司	西宁市	湟源县	东峡乡	101.385 17	36.668 89	湟水
5	青海响河水电有限责任公司	西宁市	湟源县	东峡乡	101.362 94	36.670 48	湟水
6	湟源县巴燕水电站	西宁市	湟源县	巴燕乡	101.116 71	36.782 06	湟水
7	青海省湟源石嘴水电有限责任公司	西宁市	湟源县	申中乡	101.146 35	36.746 19	湟水

续表

序号	水电站名称	所在市（州）	所在区（县）	所在乡镇	经度 /（°）	纬度 /（°）	河流
8	湟源新和水电开发有限公司	西宁市	湟源县	巴燕乡	101.030 78	36.772 71	湟水
9	湟源县巴燕三级水电站	西宁市	湟源县	巴燕乡	101.013 03	36.776 81	湟水
10	西宁大中水力发电有限公司	西宁市	城东区		101.846 83	36.579 61	湟水
11	盘道水库电站	西宁市	湟中区	共和镇	101.365 29	36.614 72	湟水
12	东大滩水电站	海北州	海晏县	金滩乡	101.051 42	36.865 49	湟水
13	峡口水电站	海东市	民和县	松树乡	102.756 47	36.344 74	湟水
14	青海城西源水利水电开发有限公司	海东市	乐都区	洪水镇	102.567 25	36.433 11	湟水
15	乐都县民盛水电公司	海东市	乐都区	高庙镇	102.463 75	36.457 46	湟水
16	乐都潢乐水电站公司	海东市	乐都区	高庙镇	102.541 75	36.435 1	湟水
17	平安上滩润鑫水电有限公司	海东市	平安区	平安镇	102.126 87	36.509 14	湟水
18	民和东垣渠水电站	海东市	民和县	川口镇	102.820 86	36.330 45	湟水
19	关家河滩水电站	海东市	民和县	川口镇	102.852 52	36.337 27	湟水
20	金星水电站	海东市	民和县	马场垣	102.907 3	36.323 86	湟水
21	黑泉水库水力发电厂	西宁市	大通县	宝库乡	101.536 46	37.200 48	宝库河
22	大通县宝库河二级水电站	西宁市	大通县	宝库乡	101.558 6	37.163 36	宝库河
23	大通县宝库河三级水电站	西宁市	大通县	宝库乡	101.570 32	37.083 64	宝库河
24	大通县俄博图水电站	西宁市	大通县	宝库乡	101.452 98	37.247 07	宝库河
25	青海水电集团电站	西宁市	湟源县	宝库乡	101.413 46	37.251 98	宝库河
26	湟源县莫尔吉海峡水电站	西宁市	湟源县	巴燕乡	101.119 04	36.750 21	大华沟
27	青海省海源水电有限责任公司	海北州	门源县	青石嘴镇	101.339 35	37.493 14	大通河
28	青海引大济湟水电建设有限责任公司	海北州	门源县	青石嘴镇	101.317 63	37.496 95	大通河
29	纳子峡水电站	海北州	门源县	苏吉滩乡	101.152 59	37.598 74	大通河
30	门源县九龙责任水电有限公司	海北州	门源县	仙米乡	102.027 11	37.217 83	大通河
31	江源水电站	海北州	门源县	仙米乡	102.109 98	37.170 58	大通河
32	仙米水电站	海北州	门源县	仙米乡	102.022 61	37.235 4	大通河

续表

序号	水电站名称	所在市（州）	所在区（县）	所在乡镇	经度 /（°）	纬度 /（°）	河流
33	地久水电站	海北州	门源县	珠固乡	102.348 92	37.109 72	大通河
34	东旭二级水电站	海北州	门源县	珠固乡	102.180 47	37.119 6	大通河
35	东旭水电站	海北州	门源县	珠固乡	102.289 98	37.131 56	大通河
36	青海省玉龙水电建设有限公司	海北州	门源县	珠固乡	102.274 21	37.140 13	大通河
37	青海省雪龙滩水力发电站	海北州	门源县	珠固乡	102.179 59	37.172 95	大通河
38	青海省门源神牛水电开发有限责任公司	海北州	门源县	珠固乡	102.358 44	37.101 17	大通河
39	多龙水电站	海北州	门源县	珠固乡	102.197 8	37.170 28	大通河
40	加定电站	海东市	互助县	加定镇	102.496 12	36.952 94	大通河
41	青岗峡电站	海东市	互助县	加定镇	102.478 09	36.955 52	大通河
42	金沙峡电站	海东市	互助县	加定镇	102.702 16	36.780 86	大通河
43	筏子湾电站	海东市	互助县	巴扎乡	102.384 48	37.060 99	大通河
44	享堂一级水电站	海东市	民和县	川口镇	102.846 98	36.374 43	大通河
45	享堂二级水电站	海东市	民和县	川口镇	102.828 55	36.355 45	大通河
46	麻当水电站	海北州	门源县	仙米乡	101.977 48	37.263 98	麻当沟
47	门源县寺沟二级水电站	海北州	门源县	珠固乡	102.356 32	37.124 28	朱固寺沟
48	大通县东峡水电站	西宁市	大通县	东峡镇	101.813 19	37.046 51	东峡河
49	青海省大通兴旺水电有限公司	西宁市	大通县	向化乡	101.804 89	37.114 11	东峡河
50	湟中区鲁沙尔镇大石门水电站	西宁市	湟中区	鲁沙尔镇	101.515 07	36.516 26	甘河沟
51	大通星渊水电站	西宁市	大通县	青林乡	101.329 41	37.113 48	黑林河
52	大通县柳林水电站	西宁市	大通县	青林乡	101.329 41	37.113 47	黑林河

1.4.3.2　河流取水设施

截至 2020 年年底，湟水流域已建成引水工程 0.12 万处、提水工程 0.054 万处、机电井 541 处。

湟水干流现状取水口共 58 个，按行政区分，海北州 4 个、西宁市 24 个、海东市 30 个；按取水用途分，工业、建筑业供水 9 个，农业灌溉供水 44 个，其他供水 5 个。已办理取水许可证共计 37 个，取水许可证办理率达到 63.8%；已安装监测计量设施 15 个，取水口监测计量设施安装率达到 25.9%，见表 1-13。

表 1-13　湟水干流现状取水口分布

	取水口名称	所属市（州）	所属区（县）	所在乡镇	工程类型	主要取水用途
1	湟海灌区麻皮寺引水口	海北州	海晏县	三角城镇	闸	农业灌溉
2	海晏县三角城镇银滩灌区取水口	海北州	海晏县	三角城镇	渠道	农业灌溉
3	海晏县金滩乡海兴灌区取水口	海北州	海晏县	金滩乡	渠道	农业灌溉
4	南山渠进水口	海北州	海晏县	金滩乡	闸	农业灌溉、其他
5	巴燕西山渠取水口	西宁市	湟源县	巴燕乡	渠道	农业灌溉
6	巴燕东山渠取水口	西宁市	湟源县	巴燕乡	渠道	农业灌溉
7	元山渠取水口	西宁市	湟源县	巴燕乡	渠道	农业灌溉
8	申中沟渠取水口	西宁市	湟源县	申中乡	渠道	农业灌溉
9	麻古塘渠取水口	西宁市	湟源县	申中乡	闸	农业灌溉
10	俊家庄水坝渠取水口	西宁市	湟源县	申中乡	渠道	农业灌溉
11	城北渠取水口	西宁市	湟源县	申中乡	渠道	农业灌溉
12	大华中沟渠取水口	西宁市	湟源县	大华镇	渠道	农业灌溉
13	青海华晟冶炼用水引水口	西宁市	湟源县	大华镇	渠道	工业
14	大华渠取水口	西宁市	湟源县	大华镇	闸	农业灌溉
15	大华上沟渠取水口	西宁市	湟源县	大华镇	渠道	农业灌溉
16	下脖项水转湾渠取水口	西宁市	湟源县	东峡乡	渠道	农业灌溉
17	下脖项北山渠取水口	西宁市	湟源县	东峡乡	渠道	农业灌溉
18	东峡后山渠取水口	西宁市	湟源县	东峡乡	渠道	农业灌溉
19	东峡悬崖渠取水口	西宁市	湟源县	东峡乡	渠道	农业灌溉
20	响河大地滩渠取水口	西宁市	湟源县	东峡乡	渠道	农业灌溉
21	礼让渠灌区取水口	西宁市	湟中区	多巴镇	渠道	农业灌溉
22	团结渠管理所团结干渠引水口	西宁市	湟中区	多巴镇	闸	农业灌溉

续表

	取水口名称	所属市（州）	所属区（县）	所在乡镇	工程类型	主要取水用途
23	多巴镇国寺营灌区取水口	西宁市	湟中区	多巴镇	闸	农业灌溉
24	湟水国家湿地公园西川景观湿地北岸 1# 进水闸	西宁市	城西区	马坊街道	闸	其他
25	湟水国家湿地公园西川景观湿地南岸 1# 进水闸	西宁市	城西区	海湖新区	闸	其他
26	解放渠引水口	西宁市	城西区	彭家寨镇	闸	其他
27	和平渠进水闸	西宁市	城东区	韵家口镇	闸	其他
28	平安区小峡渠灌区进水闸	西宁市	城东区	乐家湾镇	闸	农业灌溉
29	曹家堡三期扩建工程 1# 泵站	海东市	互助县	高寨乡	泵站	建筑业
30	平安・柳湾城市公园 1# 泵站	海东市	平安区	小峡镇	泵站	其他河湖补水
31	小峡柳湾坝头取水口	海东市	平安区	小峡镇	渠道	农业灌溉
32	海东市乐都区大峡渠灌区湟水河 1# 取水口	海东市	乐都区	高店镇	闸	农业灌溉
33	高店磨崖头电灌站取水口	海东市	乐都区	高店镇	闸	农业灌溉
34	青海泰宁水泥湟水河北岸 1# 取水口	海东市	乐都区	雨润镇	泵站	工业
35	乐都烁华湟水河南岸 1# 泵站	海东市	乐都区	碾伯镇	泵站	工业
36	汤官营一级电灌站取水口	海东市	乐都区	碾伯镇	闸	农业灌溉
37	花儿滩渠取水口	海东市	乐都区	高庙镇	闸	农业灌溉
38	白崖子渠取水口	海东市	乐都区	高庙镇	闸	农业灌溉
39	高庙中沟渠取水口	海东市	乐都区	高庙镇	闸	农业灌溉
40	新盛渠取水口	海东市	乐都区	高庙镇	闸	农业灌溉
41	干桥湾渠取水口	海东市	乐都区	高庙镇	闸	农业灌溉
42	高庙古城渠取水口	海东市	乐都区	高庙镇	闸	农业灌溉
43	下街磨沟渠取水口	海东市	乐都区	洪水镇	闸	农业灌溉
44	九通集团湟水河南岸 1# 泵站	海东市	乐都区	洪水镇	泵站	工业
45	乐都金成建材湟水河右侧 1# 泵站	海东市	乐都区	洪水镇	泵站	工业
46	高家湾磨沟渠取水口	海东市	乐都区	洪水镇	闸	农业灌溉

续表

	取水口名称	所属市（州）	所属区（县）	所在乡镇	工程类型	主要取水用途
47	青海通力铁合金有限公司湟水河 1# 取水口	海东市	乐都区	洪水镇	泵站	工业
48	汤官营西沟渠取水口	海东市	乐都区	洪水镇	闸	农业灌溉
49	湖拉海西垣 3# 电灌站 1# 泵站	海东市	民和县	松树乡	泵站	农业灌溉
50	湖拉海西垣电灌站 1# 泵站	海东市	民和县	松树乡	泵站	农业灌溉
51	东垣渠灌区取水口	海东市	民和县	松树乡	渠道	农业灌溉、其他
52	店子村二社电灌站 1# 泵站	海东市	民和县	松树乡	泵站	农业灌溉
53	店子村三社电灌站 1# 泵站	海东市	民和县	松树乡	泵站	农业灌溉
54	湖拉海电灌站 1# 泵站	海东市	民和县	川口镇	泵站	农业灌溉
55	下川口一级电灌站 1# 泵站	海东市	民和县	马场垣乡	泵站	农业灌溉
56	民和县下川口供水有限公司 1# 泵站	海东市	民和县	马场垣乡	泵站	工业
57	上西川电灌站 1# 泵站	海东市	民和县	马场垣乡	泵站	农业灌溉
58	青海西部水电有限公司 1# 泵站	海东市	民和县	马场垣乡	泵站	工业

1.4.4 生态基流保障

1.4.4.1 生态基流要求

参考相关研究成果，以 Tennant 法为基础，以栖息地模拟法为参考，选择 1956—1973 年相对尚未大规模开发时期的水文系列资料为基准，根据各河段保护目标分布，选择 4—6 月平均流量的 30%～50% 作为该期生态流量初值、7—10 月平均流量的 40%～60% 作为该期生态流量初值、多年平均流量的 10%～20% 作为 11 月—次年 3 月生态流量初值。在此基础上，分析流量与水深、水面宽、流速等之间的关系，以需水对象生长繁殖对径流条件的要求，选择满足保护目标生境需求的流量范围，结合河流自净需水，考虑水资源配置实现的可能性，综合提出湟水干流重要断面生态需水量，见表 1-14。

表 1-14 湟水干流重要断面生态需水量

<table>
<tr><th>河段</th><th>重要断面</th><th>月份</th><th>生态流量 /（m^3/s）</th><th>生态需水量 / 亿 m^3</th><th>流量过程要求</th></tr>
<tr><td rowspan="4">源头至海晏</td><td rowspan="4">海晏</td><td>1—12 月</td><td colspan="3">特殊保护河段，禁止开发，保持天然流量及过程</td></tr>
<tr><td>4—6 月</td><td>4.1</td><td rowspan="3">1.4</td><td>保证鱼类栖息生境要求</td></tr>
<tr><td>7—10 月</td><td>6.9</td><td>有一定流量级别的洪水发生</td></tr>
<tr><td>11 月—次年 3 月</td><td>2.65</td><td>—</td></tr>
<tr><td rowspan="6">西宁至入黄口</td><td rowspan="3">西宁</td><td>4—6 月</td><td>13</td><td rowspan="3">5.35</td><td>保证鱼类栖息生境要求</td></tr>
<tr><td>7—10 月</td><td>30</td><td>—</td></tr>
<tr><td>11 月—次年 3 月</td><td>8.7</td><td>—</td></tr>
<tr><td rowspan="3">民和</td><td>4—6 月</td><td>18.5</td><td rowspan="3">8.6</td><td>—</td></tr>
<tr><td>7—10 月</td><td>50.4</td><td>—</td></tr>
<tr><td>11 月—次年 3 月</td><td>13.7</td><td>—</td></tr>
</table>

1.4.4.2 生态基流保障现状

现状湟水干流有保障生态基流放水要求的水电站有 20 座，均为引水式水电站。各水电站均采用在泄洪冲砂闸闸门底板焊接垫块或螺杆限位器限制，保障生态基流下泄；除响河水电站监测设备设置在下游厂房位置外，其余各水电站均在取水口位置设有视频监控系统。同时，各水电站生态基流监测、监控数据均与县级监控平台（河长制平台、防汛抗旱服务平台、生态基流监测平台）互联互通。除京都水电站外，各水电站建立了生态基流泄水台账，生态基流下泄管理措施较为规范。

各水电站中，仅有巴燕峡、巴燕（三级）、天桥、石嘴、果米滩、兆麟、下脖项、山城 8 个水电站实际下泄水量满足生态基流指标要求，其他 12 个水电站均不同程度上无法满足生态基流指标。其中，高隆、上滩、大峡、民盛、青崖埂 5 个水电站汛期、非汛期实际下泄水量均不满足生态基流指标要求；下营房水电站实际下泄水量不满足非汛期生态基流指标要求；京都、银滩、响河、石板沟、湟乐、峡口 6 个水电站实际下泄水量不满足汛期生态基流指标要求，见表 1-15。

表 1-15 湟水干流各水电站生态基流下泄流量与下泄指标对照

	名称	可下泄流量 /（m^3/s）		生态基流指标 /（m^3/s）		是否满足指标要求	备注
		非汛期	汛期	非汛期	汛期		
1	京都水电站	0.83	0.14	0.128	0.384	汛期不满足	
2	银滩水电站	2.24	0.41	0.397	1.191	汛期不满足	冬季停机，闸门全提
3	巴燕峡水电站	1.42	1.86	0.397	1.191	满足要求	
4	巴燕三级电站	0.9	1.29	0.397	1.191	满足要求	
5	天桥水电站	2.13	3.08	0.397	1.191	满足要求	
6	石嘴水电站	1.68	2.38	0.397	1.191	满足要求	
7	响河水电站	2.24	2.24	1.08	3.24	汛期不满足	
8	果米滩水电站	3.72	3.72	1.08	3.24	满足要求	
9	兆麟水电站	8.29	3.53	1.08	3.24	满足要求	
10	下脖项水电站	3.84	3.84	1.08	3.24	满足要求	
11	石板沟水电站	2.22	2.22	1.08	3.24	汛期不满足	
12	山城水电站	1.55	3.27	1.08	3.24	满足要求	
13	湟乐水电站	7.36	7.36	6.54	13.1	汛期不满足	
14	高隆水电站	3.32	4.41	5.55	11.1	不满足要求	
15	上滩水电站	3.89	7.12	5.55	11.1	不满足要求	
16	大峡水电站	3.01	7.31	5.55	11.1	不满足要求	
17	民盛水电站	5.11	5.51	5.55	11.1	不满足要求	
18	青崖埂水电站	4.7	5.38	6.54	13.1	不满足要求	
19	湟水峡口水电站	6.58	6.58	6.54	13.1	汛期不满足	
20	下营房水电站	5.12	14.93	6.54	13.1	非汛期不满足	

注：可下泄流量为现状水电站生态基流下泄措施计算值；生态基流指标为《青海省水利厅 青海省生态环境厅关于印发引水式水电站生态基流下泄指标的通知》（青水资〔2021〕70 号）中提出的生态基流下泄指标。

湟水干流设西宁、民和水文站 2 处生态流量监测断面。2021 年西宁、民和水文站生态流量全年达标，达标率 100%，考核结果合格，见表 1-16。

表 1-16　湟水干流生态流量监测断面达标情况统计（2021 年）

	断面	生态流量控制指标		达标天数 / d	不达标天数 / d	达标率 / %
		时段	流量 / (m^3/s)			
1	西宁	1—3 月，11—12 月	3.00	366	0	100
		4—6 月	9.00			
		7—10 月	13.0			
2	民和	1—3 月，11—12 月	10.00	366	0	100

1.5　水生态状况

1.5.1　水生生物

1.5.1.1　鱼类

根据青海省生态环境遥感监测中心与中国科学院水生生物研究所 2010 年开展的湟水干流鱼类现场调查结果，湟水干流（含东大滩水库）共有鱼类 4 目 8 科 25 属 35 种。其中，鲑形目 3 科 4 属 6 种、鲤形目 2 科 18 属 24 种、鲈形目 2 科 2 属 4 种、合鳃鱼目 1 科 1 属 1 种。列入省级重点保护鱼类的有拟鲶高原鳅、花斑裸鲤、黄河裸裂尻鱼；拟鲶高原鳅被列入《中国濒危动物红皮书》和《中国物种红色名录》，同时列入《中国物种红色名录》的还有厚唇裸重唇鱼，为濒危物种。从栖息地状况分析，湟水源头至海晏水质较好，无水电站建设，保留了原有鱼类栖息地；海晏至西宁河段水电开发程度高，鱼类生境条件发生了较大变化；西宁以下河段水质较差，再加上水电梯级开发，鱼类生境条件受到严重破坏，其中民和以下河段分布有土著鱼类栖息地。按渔获物质量计算，湟水干流黄河裸裂尻鱼占优势，其次为黄河高原鳅、厚唇裸重唇鱼。其中，湟源至西宁段鱼类全部为土著种类，黄河裸裂尻鱼、黄河高原鳅、拟硬鳍高原鳅为优势种，厚唇裸重唇鱼、拟鲶高原鳅为稀有种；西宁至民和段，麦穗鱼、鲫等外来鱼类占优势，见表 1-17。湟水流域重要保护鱼类及生态习性见表 1-18 和图 1-18。

表 1-17　湟水干流鱼类名录

目	科	属	种	湟水	
				干流	水库
鲑形目 Salmoniformes	鲑科 Salmonidae	大麻哈鱼属 *Oncorhynchus*	虹鳟 *O. mykiss*	※	※
		白鲑属 *Coregonus*	高白鲑 *C. peled*	※	※
			目笋白鲑 *C. muksun*		*
			宽鼻白鲑 *C. nasus*		*
	银鱼科 Salangidae	大银鱼属 *Protosalanx*	大银鱼 *P. hyalocranius*		※
	胡瓜鱼科 Osmeridae	公鱼属 *Hypomesus*	亚洲公鱼 *H. transpacifcus nipponensis*	※	※
鲤形目 Cypriniformes	鲤科 Cyprinidae	草鱼属 *Ctenopharyngodon*	草鱼 *C. idellus*		*
		雅罗鱼属 *Leuciscus*	黄河雅罗鱼 *L. chuanchicus*	–	
		鳘属 *Hemiculter*	鳘 *H. leucisculus*		*
		鳙属 *Aristichthys*	鳙 *A. nobilis*		*
		鲢属 *Hypophthalmichthys*	鲢 *H. molitrix*		*
		鳑鲏属 *Rhodeus*	中华鳑鲏 *R. sinensis*	※	※
		刺鮈属 *Acanthogobio*	刺鮈 *A. guentheri*	–	
		麦穗鱼属 *Pseudorasbora*	麦穗鱼 *P. parva*	※	※
		棒花鱼属 *Abbottina*	棒花鱼 *A. rivularis*	※	※
		鲤属 *Cyprinus*	鲤 *C.*(*C.*)*carpio*	※	※

续表

目	科	属	种	湟水	
				干流	水库
鲤形目 Cypriniformes	鲤科 Cyprinidae	鲫属 *Carassius*	鲫 *C. auratus*	※	※
		裸重唇鱼属 *Gymnodiptychus*	厚唇裸重唇鱼 *G. pachycheilus*	+	+
		裸鲤属 *Gymnocypris*	花斑裸鲤 *G. eckloni*	+	+
		裸裂尻鱼属 *Schizopygopsis*	黄河裸裂尻鱼 *S. pylzovi*	+	+
	鳅科 Cobitidae	高原鳅属 *Triplophysa*	黄河高原鳅 *T.*（*T.*）*pappenheimi*	+	+
			硬鳍高原鳅 *T.*（*T.*）*scleroptera*	+	+
			斯氏高原鳅 *T.*（*T.*）*stoliczkae*	+	+
			拟硬鳍高原鳅 *T.*（*T.*）*pseudoscleroptera*	+	+
			拟鲶高原鳅 *T.*（*T.*）*siluroides*	+	+
			粗壮高原鳅 *T.*（*T.*）*robusta*	+	+
			东方高原鳅 *T.*（*T.*）*orientalis*	+	+
		花鳅属 *Cobitis*	北方花鳅 *C. granoei*	+	+
		泥鳅属 *Misgurnus*	泥鳅 *M. anguillicaudatus*	※	※
		副泥鳅属 *Paramisgurnus*	大鳞副泥鳅 *P. dabryanus*	※	※
鲈形目 Perciformes	沙塘鳢科 Odcintobutidae	小黄黝鱼属 *Micropercops*	小黄黝鱼 *M. swinhonis*	※	※
	虾虎鱼科 Gobiidae	温虾虎鱼属 *Rhinogobius*	子陵吻虾虎鱼 *R. giurinus*	※	※

续表

目	科	属	种	湟水	
				干流	水库
鲈形目 Perciformes	虾虎鱼科 Gobiidae	温虾虎鱼属 *Rhinogobius*	波氏吻虾虎鱼 *R. cliffordpopei*	※	※
			林氏吻虾虎鱼 *R. lindbergi*	※	※
合鳃鱼目 Synbranchiformes	合鳃鱼科 Synbranchidae	黄鳝属 *Monopterus*	黄鳝 *M. allbus*		*

注：+ 表示采集到的土著鱼类；- 表示文献记录种但没有采集到的土著鱼类；* 表示外来鱼类；※ 表示已在天然水域自然繁殖的外来鱼类。

表 1-18　湟水流域重要保护鱼类及生态习性

保护鱼类	生态习性	主要栖息地
拟鲶高原鳅	高原冷水鱼类，栖息于有水草的缓流（岸边溪沟浅水处），也栖息于水深湍急的砾石底质河段，常潜伏于底层，7 月、8 月产卵，卵黏性	湟水西宁以上河段、民和河段
黄河高原鳅	高原冷水鱼类，生活于砾石底质急流河段，每年 4—5 月河道融冰时即逆水上溯产卵繁殖	湟水西宁以上河段、民和河段
厚唇裸重唇鱼	高原冷水鱼类，生活在宽谷河道中，每年河水开冰后即逆河产卵，水温 15℃左右，在基底质为砂砾石、流速缓慢河段产卵，卵沉性，具黏性	湟水湟源河段
花斑裸鲤	高原鱼类冷水鱼类，栖息在宽谷河道中，每年解冰后，5 月下旬水温 10℃开始繁殖，溯河产卵，沉性卵。产卵场多卵石、砂砾为底，水深 1 m 左右缓流浅水区。仔鱼孵出后，随流水进入干流湾叉、岸边浅水处育肥	湟水西宁以上河段

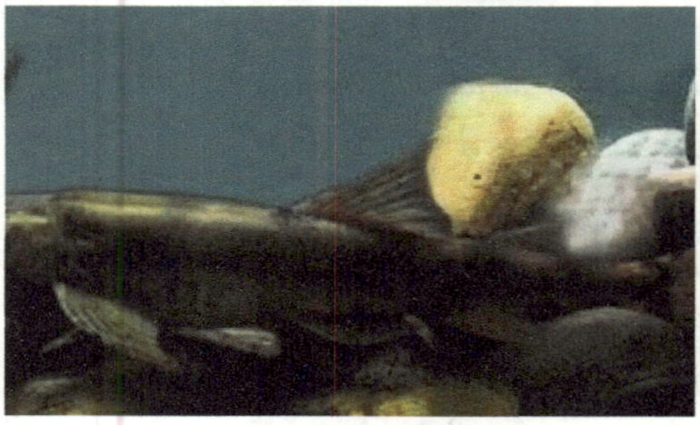

（a）黄河高原鳅

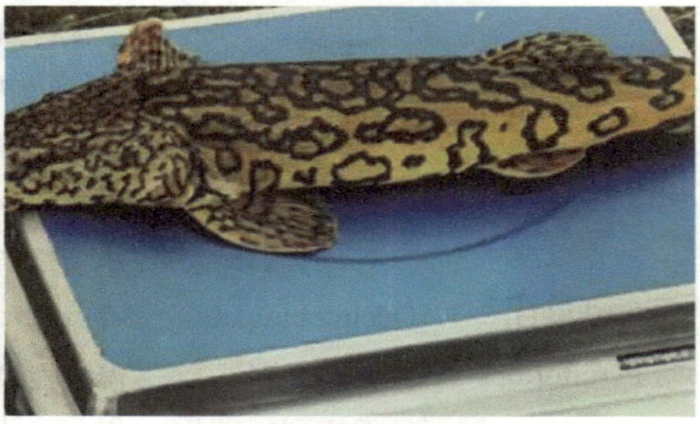

（b）拟鲶高原鳅

（c）厚唇裸重唇鱼　　（d）花斑裸鲤

图 1-18　湟水流域重要保护鱼类

1.5.1.2　浮游植物

根据相关流域规划及河道建设项目的环境影响评价等专题报告中水生生物调查等内容，湟水干流共分布浮游植物 48 个种属，其中，硅藻门 28 个种属，绿藻门 10 个种属，蓝藻门 7 个种属，金藻门 1 个种属，甲藻门 1 个种属，裸藻门 1 个种属。

青海师范大学 2018 年 6 月—2019 年 10 月开展了湟水干流浮游植物生态采样调查。调查研究区位于青海省西宁市城区段，西起海湖桥上游约 700 m 处，东至北川河在新宁桥下 2 km 汇入处，全长约 3 km，采样月份共 13 个月，频率为每月 1 次，在湟水干流自然河段和 5 个筑坝库区不同方向采集。其中，湟水干流筑坝区河段共检出浮游植物 7 门 45 属，其中硅藻门 22 属，占总属类的 50%，绿藻门 11 属，占总属类的 25%，蓝藻门 6 属，占总属类的 13%，甲藻门 3 属，占总属类的 6%，隐藻门、裸藻门、金藻门各占 1 属；未筑坝区共检出浮游植物 7 门 31 属。其中硅藻门 12 属，占总属类的 38%，绿藻门 7 属，占总属类的 23%，蓝藻门和裸藻门各占 3 属，占总属类的 19%，甲藻门 4 属，占总属类的 12%，隐藻门和金藻门各占 1 属，占总属类的 6%。筑坝区浮游植物的平均密度为 1.96×10^6 个 /L，未筑坝区浮游植物的平均密度为 2.7×10^5 个 /L；筑坝区浮游植物的生物量均值为 2.67 mg/L，未筑坝区浮游植物的生物量均值为 0.65 mg/L。总体来看，硅藻门和绿藻门是湟水干流未筑坝区河段和筑坝区河段的优势种；筑坝区河段的浮游植物物种数、密度和生物量均高于未筑坝区，密度和生物量分别为未筑坝区河段的 7.3 倍和 4.1 倍。

1.5.1.3 浮游动物

根据相关流域规划及河道建设项目的环境影响评价等专题报告中水生生物调查等内容，湟水干流共分布浮游动物16个种属，其中，原生动物6个种属，轮虫8个种属，桡足类2个种属。

青海师范大学2018年6月—2019年10月开展了湟水干流浮游动物生态采样调查。调查研究区位于青海省西宁市城区段，西起海湖桥上游约700 m处，东至北川河在新宁桥下2 km汇入处，全长约3 km，采样月份共13个月，频率为每月1次，在湟水干流自然河段和5个筑坝区不同方向采集。湟水干流筑坝区河段共检出浮游动物3类27种，其中，原生动物8种，轮虫16种，桡足类3种，未筑坝区河段共检出浮游动物3类13种。筑坝区浮游动物的平均密度为1.51×10^3个/L，未筑坝区浮游动物平均密度为11.30个/L；筑坝区浮游动物的生物量均值为0.60 mg/L，未筑坝区浮游动物的生物量均值为0.03 mg/L，筑坝区浮游动物的物种数、密度和生物量均高于未筑坝区，分别是未筑坝区的2.0倍、134倍和20倍，其中原生动物和轮虫类的物种数增加得最明显，平均上升10种，与未筑坝区一样依然占绝对优势。主要原因是筑坝后流速的减缓和水环境因子的变化使浮游生物的密度和生物量大幅增加，说明此区域已经形成相对稳定的生存环境，有利于浮游生物的生存。从筑坝区的空间变化来看，下段筑坝区浮游生物的物种数均高于上段筑坝区，浮游植物的密度和生物量呈上升趋势，浮游动物的密度和生物量呈下降趋势，浮游动物作为浮游植物和较高消费者的中间连接环节，它们直接捕食藻类等浮游植物，为较高级消费者提供食物，进而影响较高级的消费者，甚至整个水生态系统。浮游动物和浮游植物的生物量和密度在筑坝区的空间分布上呈现一高一低的趋势，说明可能在筑坝区浮游植物和浮游动物逐渐形成了一种相互联系、相互制约的动态平衡关系。

1.5.1.4 底栖动物

根据青海大学2018年湟水干流底栖动物生态调查结果，2018年2次采样调查，在湟水干流上游19个样点共采集到大型底栖动物8 980头，分布在2纲6目28科42个分类单元。其中，襀翅目稚虫3科6种（属），蜉蝣目稚虫4科7种，毛翅目幼虫6科7种，双翅目幼虫4科20种，寡毛纲1科1种，鞘翅目1科1种。其中水生昆虫有36种，占所有底栖动物的97.6%。根据底栖动物的出现频率，将密度占比大于 5% 的视为优势种，四节蜉属、前突摇蚊属、水丝蚓属、长足摇蚊属为优势种，其中蜉蝣目四节蜉属为第一优势种，占所有底栖动物的 35.5%。

湟水干流自上游到下游随着主要水质指标升高，底栖动物丰富度明显下降，多数物种集中于中上游样点，而下游河流段呈现富营养化状态，仅有少数耐污种出现。不同土地利用类型下底栖动物分布特征明显，对大型底栖动物分布特征影响的土地利用类型，襀翅目由高到低依次为草地、农地、城市用地；蜉蝣目为农地、城市用地、草地；毛翅目为农地、草地、城市用地；双翅目为城市用地、农地、草地，见表 1-9。

表 1-19　湟水干流底栖动物群落结构

目 / 纲	科	属	数量
襀翅目 Plechopetra	带襀科 Taeniopterygidae	带襀属 *Taeniopterygidae* sp.	124
	襀科 Perlidae	襟襀属 *Togoperla* sp.	84
		纯襀属 *Paragretina* sp.	48
		珐襀属 *Perlidae* sp.	30
	叉襀科 Nemouridae	倍叉襀属 *Amphinemura* sp.	36
		叉襀属 *Nemoura* sp.	48
蜉蝣目 Ephemeroptera	四节蜉科 Baetidae	四节蜉属 *Baetis* sp.	3 188
	扁蜉科 Heptageniidae	高翔蜉属 *Epeorus* sp.	176
		扁蜉属 *Heptagenia* sp.	56
		假蜉属 *Iron* sp.	30
	短丝蜉科 Siphlonuridae	短丝蜉属 *Siphlonurus* sp.	170
	小蜉科 Ephemerellidae	弯握蜉属 *Drunella* sp.	209
		小蜉属 *Ephemerellidae* sp.	410
毛翅目 Trichoptra	短石蛾科 Brachycentridae	*Brachycentrus* sp.	86
	径石蛾科 Ecnomidae	*Ecnomus* sp.	36
	沼石蛾科 Limnephilidae	*Dicosmoecus* sp.	49
		Psendostonophylax sp.	36
	纹石蛾科 Hydeopsychidae	*Hydropsyche* sp.	288
	幻石蛾科 Apataniidae	*Apataniidae* sp.	407
	瘤石娥科 Goeridae	*Goera* sp.	31

续表

目／纲	科	属	数量
双翅目 Diptera	大蚊科 Tipulidae	大蚊属 *Tipula* sp.	55
		朝大蚊属 *Antocha* sp.	31
		Angaratipula sp.	31
		棘膝大蚊属 *Holorusia* sp.	90
		双大蚊属 *Dicranota* sp.	99
	蚋科 Simuliidae	辽宁原蚋 *Prosimulium lioaoningense*	42
		黑大蚊属 *Hexatoma* sp.	51
	毛蠓科 Psychodidae	星毛蠓 *Psychoda alternate*	87
	摇蚊科 Chironomidae	无突摇蚊属 *Ablabesmyia* sp.	36
		长足摇蚊属 *Tanypus meigen* sp.	521
		纳塔摇蚊属 *Natarsia* sp.	199
		无突摇蚊属 *Ablabesmyia* sp.	652
		拟开氏摇蚊属 *Parakiefferiella* sp.	107
		心突摇蚊属 *Cardiocladius* sp.	77
		直突摇蚊属 *Orthocladius* sp.	268
		双突摇蚊属 *Diplocladius* sp.	84
		环足摇蚊属 *Cricotopus* sp.	85
		长跗摇蚊属 *Tanytarsus* sp.	67
		毛突摇蚊属 *Chaetocladius* sp.	40
		阿纳摇蚊属 *Anatopynia* sp.	196
寡毛纲 Oligochaeta	颤蚓科 Tubificidae	水丝蚓属 *Limnodrilus* sp.	590
鞘翅目 Coleoptera	长角泥甲科 Heteroceridae	*Narpus* sp.	30

1.5.2 水产种质资源保护区

大通河特有鱼类国家级水产种质资源保护区总面积为 709 390 hm^2，其中核心区面积为 458 490 hm^2，实验区面积为 250 900 hm^2。核心区特别保护期为全年。保护区位于青海省海北州大通河流域。核心区位于大通河上中游干流流域。地理坐标为东经 99°35′00″～101°13′55″，北纬 37°31′49″～38°06′45″。实验区包括大通河的支流老虎沟、永安河河段和特有鱼类自然产卵场（支流、湖泊、沼泽）。地理坐标为东经 101°13′55″～102°20′00″，北纬 37°05′20″～37°31′49″。保护区主要保护对象为拟鲶高原鳅、厚唇裸重唇鱼、花斑裸鲤和黄河裸裂尻鱼，其他保护物种包括黄河高原鳅、拟硬刺高原鳅等。

根据《青海省大通河干支流水电开发环境影响回顾性评价报告》，大通河特有鱼类国家级水产种质资源保护区：范围为大通河流域发源地至金沙峡下游的河段，长 197 km，其中纳子峡水电站、石头峡水电站、青石嘴水电站、铁迈水电站位于其核心区内；仙米水电站、九龙水电站、江源水电站、雪龙滩水电站、雪龙滩附属电站、多龙水电站、玉龙水电站、东旭水电站、东旭二级水电站、寺沟口水电站、卡索峡水电站位于其实验区内，天仙水电站不在大通河特有鱼类国家级水产种质资源保护区范围内。

1.5.3 生态敏感区

湟水流域涉及的生态敏感区主要为西宁湟水国家湿地公园和乐都大地湾国家湿地公园。

（1）西宁湟水河国家湿地公园

位于湟水河流域西宁城区段，分布范围为东经 101°37′06″～101°54′50″，北纬 36°33′41″～36°44′42″，依湟水河及其一级支流北川河而建设，包括湟水河流经城区的 39.1 km 范围，北川河流经城区的 10.8 km 范围。公园以人民公园“T”字形水系的河道为中心，北至北川河康家桥，南至北川河与水河交汇处，西至津水河解放渠进水闸，东至湟水河小峡口闸亭，总面积为 508.70 hm^2。其中保育区面积 276.07 hm^2，恢复重建区面积 79.36 hm^2，宣教展示区面积 18.77 hm^2，合理利用区面积 126.19 hm^2，管理服务区面积 8.31 hm^2。湿地公园主导湿地类型为河流湿地，公园内河流湿地面积 241.41 hm^2，见图 1-19 和图 1-20。

（2）乐都大地湾国家湿地公园

地处海东市乐都区境内的湟水河河谷地区。公园西起兰西高速与湟水河河道交汇处的河滩寨桥，东至 109 国道与湟水河河道交汇处的鲁班亭大桥，南、北界线主要以湟水河河道为界，包括南北两侧的 5 条常流水支流。其中，湟水河下杏园村段南以 109 国道为界，包含河道以北的人工鱼塘和台地；北与下杏园村以南和鲁大复线为界。公园总面积 609.90 hm^2，其中保育区面积 404.06 hm^2，恢复

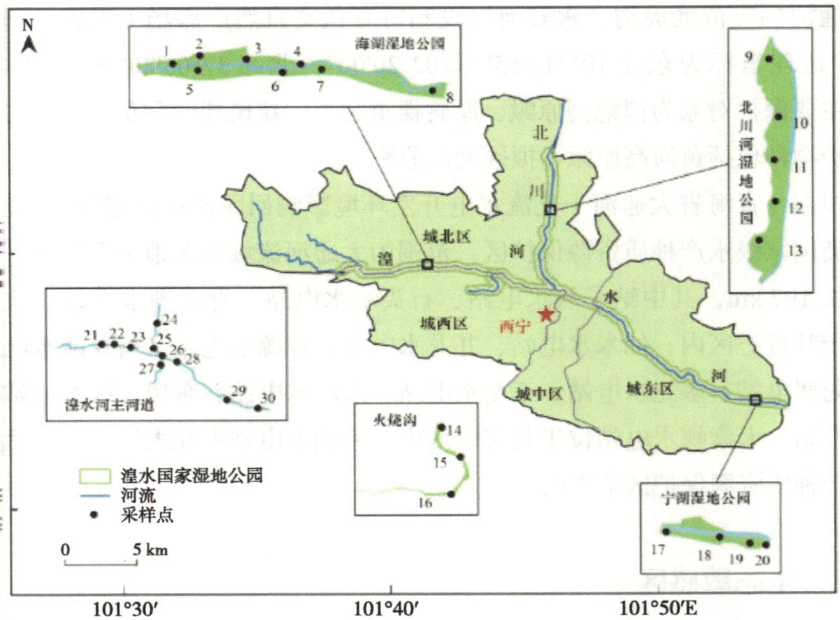

1—海湖北岸湿地西侧；2—海湖北岸西片泉水和东片泉水；3—海湖北岸湿地中部；4—海湖北岸出水口；5—海湖南岸公园科普馆前；6—海湖南岸瀑布景观；7—海湖南岸湿地；8—海湖南岸出水口；9—北川公园 1 号湖；10—北川公园 2 号湖；11—北公园 3 号湖；12—北川公园 5 号湖；13—北川公园 6 号湖；14—火烧沟出水口；15—火烧沟中段；16—火烧沟上游；17—宁湖进水口 1；18—宁湖进水口 2；19—宁湖木栈道；20—宁湖出水口；21—水主河道，海湖进水口前；22—水主河道，海湖出水口后；23—水主河道，火烧沟出水口后；24—北川河，外河泄洪河道；25—北川河汇入水河前；26—水主河道，北川河汇入后；27—南川河汇入水河前；28—水主河道，南川河汇入后；29—湟水主河道，宁湖进水口前；30—湟水主河道，宁湖出水口后

图 1-19　西宁湟水国家湿地公园地理位置示意图

图 1-20　西宁湟水国家湿地公园遥感影像图

重建区面积 153.89 hm²，宣教展示区面积 17.71 hm²，合理利用区面积 28.82 hm²，管理服务区面积 5.42 hm²。湿地公园主导湿地类型为河流湿地，公园内湿地面积 527.73 hm²，其中河流湿地面积 507.34 hm²，人工湿地面积 20.39 hm²，见图 1-21。

图 1-21　乐都大地湾国家湿地公园遥感影像图

第2章

“精细管理”——水陆统筹的湟水流域水环境质量集成管理分区体系构建

2.1 流域空间管控体系

2.1.1 水质断面

根据《青海省“十四五”地表水环境质量监测网断面设置方案》，“十四五”期间，湟水流域（含大通河流域）共设置地表水国（省）控水质监测断面 31 个，其中，国控水质监测断面 12 个、省控水质监测断面 19 个。

各市（州）中，海北州涉及国（省）控断面 4 个，其中国控断面 3 个、省控断面 1 个；西宁市涉及国（省）控断面 13 个，其中国控断面 4 个、省控断面 9 个；海东市涉及国（省）控断面 14 个，其中国控断面 5 个、省控断面 9 个。各河流中，湟水干流涉及国（省）控断面 11 个，其中国控断面 6 个、省控断面 5 个；大通河涉及国（省）控断面 4 个，其中国控断面 3 个、省控断面 1 个。从断面水质目标来看，Ⅱ类水质目标断面 7 个、Ⅲ类水质目标断面 24 个，见表 2-1。

表 2-1 “十四五”期间湟水流域国（省）控水质监测断面

序号	责任城市	所在河流	断面名称	水质目标	经度 / (°)	纬度 / (°)	水功能区名称	断面类型	备注
1	西宁市	湟水	扎马隆	Ⅱ	101.435 4	36.659 9	湟水湟源过渡区 / 湟水西宁饮用水水源区	国控	—
2	西宁市	湟水	小峡桥	Ⅲ	101.954 3	36.552 1	湟水西宁城西工业用水区 / 湟水西宁景观娱乐用水区 / 湟水西宁城东工业用水区 / 湟水西宁排污控制区	国控	市界（西宁市—海东市）

续表

序号	责任城市	所在河流	断面名称	水质目标	经度 /（°）	纬度 /（°）	水功能区名称	断面类型	备注
3	海东市	湟水	民和东垣	Ⅲ	102.827 5	36.336 9	湟水民和农业用水区	国控	—
4	海东市	湟水	乐都	Ⅲ	102.408 1	36.478 1	湟水平安过渡区 / 湟水乐都农业用水区	国控	—
5	海北州	湟水	金滩	Ⅱ	101.070 2	36.841 7	湟水海晏源头水保护区 / 湟水海晏农业用水区	国控	市界（海北州—西宁市）
6	海东市	湟水	边墙村	Ⅲ	102.843 5	36.333 5	湟水青甘缓冲区	国控	省界（青—甘）
7	海北州	大通河	甘冲口	Ⅱ	102.372 2	37.066 9	大通河门源农业用水区	国控	市界（海北州—海东市）
8	海北州	大通河	浩门河纳子峡	Ⅱ	101.155 3	37.596 4	大通河吴松他拉源头水保护区 / 大通河门源保留区	国控	—
9	海东市	大通河	峡塘	Ⅱ	102.421 5	37.011 1	大通河青甘缓冲区	国控	省界（青—甘）
10	西宁市	湟水	报社桥	Ⅲ	101.782 3	36.632 9		省控	县界（城西区—城中区）
11	西宁市	南川河	七一桥	Ⅲ	101.780 4	36.632 3	南川西宁工业用水区 / 南川西宁景观娱乐用水区	省控	入河口
12	西宁市	北川河	朝阳桥	Ⅲ	101.766 8	36.641 9	北川西宁景观娱乐用水区	省控	入河口
13	西宁市	湟水	西钢桥	Ⅲ	101.672 2	36.652 4	甘河沟湟中工业用水区	省控	
14	西宁市	湟水	黑嘴桥	Ⅲ	101.555 7	36.649 5		省控	县界（湟中区—城北区）
15	西宁市	南川	老幼堡	Ⅲ	101.623 2	36.501 1	南川湟中农业用水区	省控	县界（湟中区—城中区）
16	西宁市	甘河沟	大石门水库出口	Ⅲ	101.519 2	36.534 2	甘河沟湟中饮用水水源区	省控	
17	西宁市	西纳川	西纳川入湟口	Ⅲ	101.533 9	36.659 8	西纳川湟中饮用水水源区	省控	

续表

序号	责任城市	所在河流	断面名称	水质目标	经度/(°)	纬度/(°)	水功能区名称	断面类型	备注
18	西宁市	药水河	药水河入湟口	Ⅲ	101.271 1	36.682 1	药水河湟源农业用水区	省控	
19	海东市	引胜沟	善缘桥	Ⅱ	102.401 9	36.563 8	引胜沟乐都源头水保护区/引胜沟乐都饮用水水源区	省控	
20	海东市	湟水	老鸦峡口	Ⅲ	102.660 4	36.406 1		省控	县界（乐都区—民和县）
21	海东市	引胜沟	引胜沟入湟口	Ⅲ	102.420 5	36.478 8	引胜沟乐都农业用水区	省控	入河口
22	海东市	祁家川	祁家川入湟口	Ⅲ	102.074 7	36.507 6	祁家川平安农业用水区/祁家川平安饮用水水源区	省控	入河口
23	海东市	湟水	湾子桥	Ⅲ	102.185 6	36.486 7		省控	县界（平安区—乐都区）
24	海东市	沙塘川	南门峡水库出水口	Ⅲ	101.895 2	36.958 2	沙塘川互助饮用水水源区	省控	
25	海东市	上水磨沟	红庄	Ⅲ	102.187 2	36.502 8	上水磨沟乐都饮用水水源区	省控	
26	海东市	巴州沟	西沟水库出口	Ⅲ	102.642 2	36.172 8	巴州沟民和饮用水水源区	省控	
27	海东市	巴州沟	巴州沟入湟口	Ⅲ	102.795 4	36.319 7	巴州沟民和农业用水区	省控	入河口
28	海北州	浩门河	卡子沟大桥	Ⅲ	101.815 4	37.323 3	永安河门源保留区（永安河）		

2.1.2 水功能区划

2.1.2.1 全国重要江河湖泊水功能区划

根据《全国重要江河湖泊水功能区划（2011—2030年）》，湟水干流共划分为湟水海晏源头水保护区、湟水西宁开发利用区、湟水青甘缓冲区3个重要江河湖泊一级水功能区。其中，湟水西宁开发利用区进一步划分为湟水海晏农业用水区、湟水湟源过渡区、湟水西宁饮用水水源区、湟水西宁城西工业用水区、湟水西宁景观娱乐用水区、湟水西宁城东工业用水区、湟水西宁排污控制区、湟水平安过渡区、湟水乐都农业用水区、湟水民和农业用水区 10 个重要江河湖泊二级水功能区。

按保护区类型划分，在一级水功能区中，源头水保护区、开发利用区和缓冲区各 1 个；在二级水功能区中，饮用水水源区 1 个、农业用水区 3 个、工业用水区 2 个、排污控制区 1 个、景观娱乐用水区 1 个、过渡区 2 个。按照水体使用功能的要求，在一、二级水功能区中，共有 4 个水功能区水质目标确定为Ⅲ类或优于Ⅲ类，占总数的 33.3%，见表 2-2 和表 2-3。

表 2-2　湟水涉及重要江河湖泊一级水功能区划分表

一级水功能区	起始断面	终止断面	长度 /km	水质目标	涉及省份
湟水海晏源头水保护区	源头	海晏县桥	75.9	Ⅱ	青
湟水西宁开发利用区	海晏县桥	民和水文站	223.7	按二级区划执行	青
湟水青甘缓冲区	民和水文站	入黄口	74.3	Ⅳ	青、甘

表 2-3　湟水涉及重要江河湖泊二级水功能区划分表

一级水功能区	一级水功能区	起始断面	终止断面	长度 /km	水质目标	涉及省份
湟水海晏农业用水区	湟水西宁开发利用区	海晏县桥	湟源县	43.3	Ⅱ	青
湟水湟源过渡区		湟源县	扎马隆	21.1	Ⅲ	青
湟水西宁饮用水水源区		扎马隆	黑嘴桥	10.3	Ⅲ	青
湟水西宁城西工业用水区		黑嘴桥	新宁桥	20.3	Ⅳ	青
湟水西宁景观娱乐用水区		新宁桥	建国路桥	4.8	Ⅳ	青
湟水西宁城东工业用水区		建国路桥	团结桥	6.0	Ⅳ	青
湟水西宁排污控制区		团结桥	小峡桥	10.2		青
湟水平安过渡区		小峡桥	平安县	22.0	Ⅳ	青
湟水乐都农业用水区		平安县	乐都水文站	32.3	Ⅳ	青
湟水民和农业用水区		乐都水文站	民和水文站	53.4	Ⅳ	青

2.1.2.2 青海省水功能区划

根据《青海省水功能区划（2015—2020年）》，湟水干流划分为湟水海晏源头水保护区、湟水西宁开发利用区、湟水青甘缓冲区3个一级水功能区（表2-4）。湟水西宁开发利用区进一步划分为湟水海晏农业用水区、湟水湟源过渡区、湟水西宁饮用水水源区、湟水西宁城西工业用水区、湟水西宁景观娱乐用水区、湟水西宁城东工业用水区、湟水西宁排污控制区、湟水平安过渡区、湟水乐都农业用水区、湟水民和农业用水区10个二级水功能区（表2-5）。

表2-4　湟水干流一级水功能区划分表

一级水功能区	范围		水质目标	长度/km	地级行政区
	起始断面	终止断面			
湟水海晏源头水保护区	源头	海晏县桥	Ⅱ	75.9	海北州
湟水西宁开发利用区	海晏县桥	民和水文站	按二级区划执行	223.7	海北州、西宁市、海东市
湟水青甘缓冲区	民和站	入黄口	Ⅳ	74.3	海东市

表2-5　湟水干流二级水功能区划分表

二级水功能区	所在一级水功能区	范围		水质目标	长度/km	地级行政区
		起始断面	终止断面			
湟水海晏农业用水区	湟水西宁开发利用区	海晏县桥	湟源县	Ⅱ	43.3	海北州
湟水湟源过渡区		湟源县	扎马隆	Ⅲ	21.1	海北州、西宁市
湟水西宁饮用水水源区		扎马隆	黑嘴桥	Ⅲ	10.3	西宁市
湟水西宁城西工业用水区		黑嘴桥	新宁桥	Ⅳ	20.3	西宁市
湟水西宁景观娱乐用水区		新宁桥	建国路桥	Ⅳ	4.8	西宁市
湟水西宁城东工业用水区		建国路桥	团结桥	Ⅳ	6.0	西宁市
湟水西宁排污控制区		团结桥	小峡桥	Ⅳ	10.2	西宁市
湟水平安过渡区		小峡桥	平安县	Ⅳ	22.0	海东市

续表

二级水功能区	所在一级水功能区	范围		水质目标	长度 / km	地级行政区
		起始断面	终止断面			
湟水乐都农业用水区	湟水西宁开发利用区	平安县	乐都水文站	Ⅳ	32.3	海东市
湟水民和农业用水区		乐都水文站	民和水文站	Ⅳ	53.4	海东市

各市（州）中，海北州涉及水功能区 3 个，水功能区河道总长 129.8 km，水功能区水质目标均为Ⅲ类或优于Ⅲ类；西宁市涉及水功能区 6 个，水功能区河道总长 62.2 km，其中，湟水湟源过渡区、湟水西宁饮用水水源区水质目标为Ⅲ类，其余 4 个水功能区水质目标均为Ⅳ类；海东市涉及水功能区 4 个，水功能区河道总长 182.0 km，水功能区水质目标为Ⅳ类。

2.1.3 控制单元分区

根据国家《重点流域水生态环境保护规划》，“十四五”期间，湟水流域划分为湟水海东市边墙村 1 个控制单元，并进一步分为塔尔桥、润泽桥、金滩、边墙村 / 民和东垣、乐都、小峡桥、扎马隆、三其桥 8 个国控断面汇水区。湟水流域“十四五”重点流域水环境控制单元和汇水区分区见表 2-6；重点流域规划国控断面汇水区分区如图 2-1 所示。

表 2-6 湟水流域“十四五”重点流域水环境控制单元和汇水区分区

控制单元	国控断面汇水区	河湖水体	涉及区（县）
湟水海东市边墙村控制单元	塔尔桥	北川河	大通县
	润泽桥	北川河	互助县、大通县
	金滩	湟水	海晏县
	边墙村 / 民和东垣	湟水	乐都区、民和县
	乐都	湟水	互助县、乐都区、平安区
	小峡桥	湟水	城北区、城东区、城西区、城中区、湟中区
	扎马隆	湟水	湟源县、湟中区
	三其桥	沙塘川河	互助县

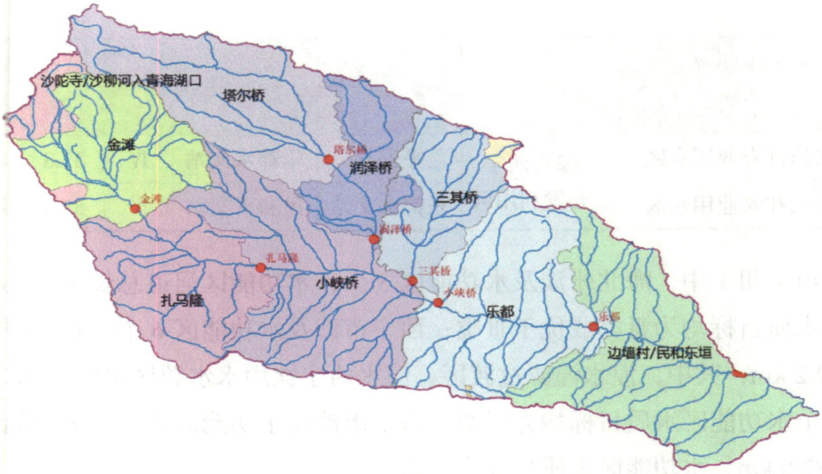

图 2-1　湟水流域“十四五”重点流域国控断面汇水区分区

2.2　控制单元细化分区

2.2.1　控制单元细化分区技术方法

参考《重点流域水污染防治“十三五”规划编制技术大纲》，在国家《水污染防治行动计划》（以下简称“水十条”）、青海省涉及控制单元划分成果的基础上，按照青海省水（环境）功能区划修编成果，优化选取地方控制断面节点，按照自然汇水情况和排污去向，将国家控制单元进一步细化分割成多个水环境控制子单元。以细化的控制单元为基础，实现地表水水环境功能区与陆上排污口、污染源衔接。

2.2.1.1　控制单元细化分区基本原则

1）水陆统筹原则。控制单元为水陆对应面状区域，自然水系为陆域划分的基础，应根据自然水系、断面位置确定陆域汇水范围；同时，考虑行政管理需求，尽可能维持乡镇级行政边界的完整性。

2）全覆盖原则。控制单元划分时必须保证流域的完整性，不能出现空白；同时，考虑到落实地方行政责任，各控制单元之间不能交叉或重叠。

3）可操作原则。考虑数据的可获取性，以现有的国控、省控、市控等水质监测断面（点位）作为控制断面，以便掌握控制单元逐月水质状况；同时，将乡镇级行政区作为控制单元的基本组成单位，落实相应的环境数据调查、统计、分析等工作。

4）功能区整合原则。以控制单元为依托的空间管理单元应与现有的水功能区、水环境功能区充分衔接，以便从系统治理角度明确控制单元的水质保护目标以及各项管理要求。

2.2.1.2 控制单元细化分区的主要步骤流程

湟水流域控制单元细化划分结果直接依据国家重点流域控制单元划分结果。本研究主要针对地方环境管理部门根据实际需要，将国家控制单元进一步细分为更小的单元，以便在子单元内部建立污染源和水质清晰的输入响应关系。

控制单元划分工作程序见图 2-2。

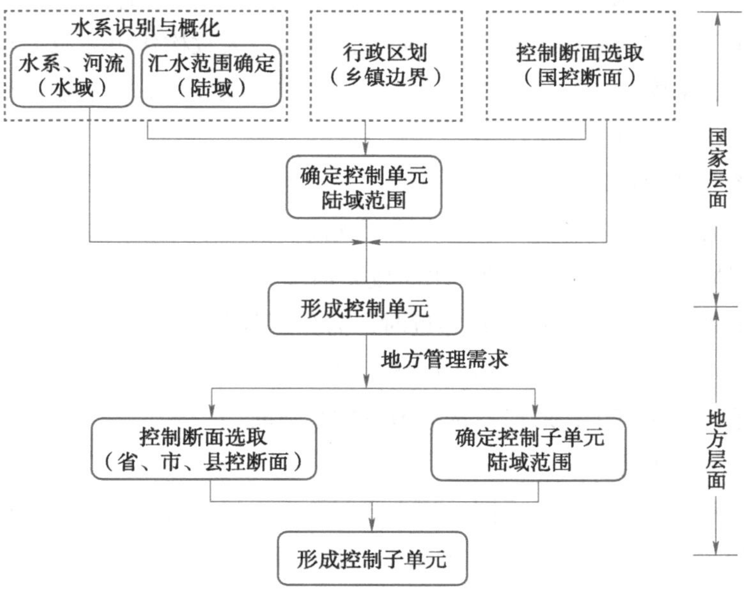

图 2-2 控制单元划分工作程序

控制单元细化分区的主要步骤如下：

（1）水系概化和汇水范围确定

水系概化和汇水范围确定是控制单元划分的基础性工作，包括以下步骤：

1）基础数据收集：系统收集青海省大比例尺行政区划和水系河网等矢量数据；在中国科学院国际科学数据服务平台（http://datamirror.csdb.cn/admin/datademMain.jsp）下载全省 90 m DEM 数据。

2）DEM 提取河网：应用 ArcGIS 软件中 ArcHydro 水文模块的相关命令生成河流网络。首先按照“地表径流在流域空间内从地势高处向地势低处流动，最后经流域的水流出口排出流域”的原理，确定水流方向。根据“流域中地势较高的区域可能为流域的分水岭”等原则，确定集水区汇水范围。根据河流排水去向，从汇流栅格中提取河网，并将河网栅格转换为矢量化的河网或水系图层（Shp 格式）。

3）水系概化：包括检查河流的相互连接状况、河流流向、依据河流等级完成水系概化等。

4）汇水范围确定：配好基础地图和完成水系概化后，提取水系对应的陆域汇水范围。首先，将 DEM 数据、航片和卫星影像与已配好的基础地图叠加；其次，按照每个子流域只能有一条主干河流，且子流域内所有河流的水流方向都应该指向主干河流的原则，参照水资源分区情况，大致构建出陆域汇水范围；最后，参考 DEM 数据、航片和卫星影像信息，以分水岭为界，通过手工编辑方式，形成各子流域范围矢量图层。

（2）控制断面选取

根据青海省水环境管理需求，在重要支流、县城下游、重要功能水体、跨区（县）界水体、重污染区域下游、水质较差河段等处选取地方控制断面。当从不同角度选取的地方控制断面位置邻近时，需分析各断面的水质代表性和重要性，最终保留一个控制断面。对重污染区域相对密集地选取地方控制断面，人类活动少、水质较好区域可少选取或不选取地方控制断面。

（3）陆域范围确定

以控制断面为节点，组合同一汇水范围的多个子流域初步形成控制单元陆域范围，再以区（县）行政边界（湟水流域以乡镇行政边界）修正、调整单元边界，确保控制单元不分割行政区。若一个行政区存在两个汇水去向，需结合行政中心位置判断主导汇水去向，将其完整地划至某一个控制单元。

（4）与水功能区衔接

将控制单元与水环境功能区有机整合，以便合理确定控制单元的水质目标及管控要求，并建立统一的水环境分区体系。若一个水功能区（水环境功能区）跨多个控制单元，应根据控制单元边界对水功能区（水环境功能区）进行分割，水功能区（水环境功能区）原有监测断面继续保留，其水质状况作为确定控制断面水质目标的依据。若一个控制单元包含多个连续、不连续水功能区（水环境功能区），水功能区（水环境功能区）可直接纳入控制单元，并作为控制子单元划分的重要依据。

（5）控制子单元命名

控制子单元以"水 + 陆"的方式进行命名，即采用主要的水体或河段 + 所属区（县）+ 所属乡（镇）控制子单元的形式，如 ×× 河 ×× 县 ×× 乡（镇）控制子单元。

2.2.2 控制单元细化分区结果

针对湟水流域区位特点和水文特征，以自然水系、地形地貌等自然条件为基础，综合采用 GIS 空间叠图法、顺序划分法、合并法等方法，分析流域水系统产流、汇流特征，综合考虑水环境质量现状、产排污结构特征，分区水环境保护管理需求和未来产业发展压力，划定覆盖全流域的水环境质量集成管理分区。在国家控制单元划分成果的基础上，进一步将湟水流域"十三五"时期 6 个国家重点流域控制单元细化成 30 个控制子单元，控制子单元划分情况具体见表 2-7。

表 2-7 湟水流域细化控制子单元划分成果

流域	国家控制单元	控制子单元	涉及区（县）（乡镇）	主要水体	控制断面
湟水流域	湟水海东地区控制单元	白沈沟平安区古城乡平安镇控制子单元	平安区（古城乡、平安镇）	白沈沟	白沈沟入湟口
		岗子沟乐都区瞿昙镇控制子单元	乐都区（瞿昙镇）	岗子沟	岗子沟入湟口
		哈拉直沟互助县丹麻镇哈拉直沟乡控制子单元	互助县（丹麻镇、哈拉直沟乡）	湟水干流、哈拉直沟	小峡桥、哈拉直沟入湟口
		湟水干流乐都区高店镇碾伯镇控制子单元	乐都区（高店镇、碾伯镇）	湟水、引胜沟	引胜沟入湟口
		湟水干流乐都区高庙镇洪水镇控制子单元	乐都区（高庙镇、洪水镇）	湟水干流	老鸦峡口

续表

流域	国家控制单元	控制子单元	涉及区（县）（乡镇）	主要水体	控制断面
湟水流域	湟水海东地区控制单元	湟水干流民和县松树乡川口镇控制子单元	民和县（松树乡、川口镇）	湟水干流	民和桥
		隆治沟民和县古鄯镇隆治乡控制单元	民和县（古鄯镇、隆治乡）	隆治沟	隆治沟入湟口
		祁家川平安区石灰窑乡三合镇控制子单元	平安区（石灰窑乡、三合镇）	祁家川	祁家川入湟口
		松树沟民和县峡门镇新民乡控制子单元	民和县（峡门镇、新民乡）	松树沟	
		下水磨沟乐都区李家乡马营乡控制子单元	乐都区（李家乡、马营乡）	下水磨沟	土官口
	湟水西宁市小峡桥控制单元	湟水干流湟中区鲁沙尔镇多巴镇控制子单元	湟中区（鲁沙尔镇、多巴镇）	湟水干流	黑嘴桥
		湟水干流西宁城北区控制子单元	城北区	湟水	朝阳桥、报社桥
		湟水干流西宁城东区控制子单元	城东区	湟水、沙塘川	沙塘川桥
		湟水干流西宁城西区控制子单元	城西区	湟水、南川河	新宁桥、七一桥
		湟水干流西宁城中区控制子单元	城中区	湟水	
		林川河互助县林川乡台子乡控制子单元	互助县（林川乡、台子乡）	林川河	
		南川河湟中区上新庄镇总寨镇控制子单元	湟中区（上新庄镇、总寨镇）	南川河	老幼堡
		沙塘川河互助县威远镇塘川镇控制子单元	互助县（威远镇、塘川镇）	沙塘川河	三其桥
		西纳川河海晏县哈勒景蒙古族乡控制子单元	海晏县（哈勒景蒙古族乡）	西纳川河	
		西纳川河湟中区上五庄镇拦隆口镇控制子单元	湟中区（上五庄镇、拦隆口镇）	西纳川河	
		小南川河湟中区土门关乡田家寨镇控制子单元	湟中区（土门关乡、田家寨镇）	小南川河	小南川河入湟口

续表

流域	国家控制单元	控制子单元	涉及区（县）（乡镇）	主要水体	控制断面
湟水流域	湟水西宁市扎马隆控制单元	湟水干流湟源县巴燕乡申中乡控制子单元	湟源县（巴燕乡、申中乡）	湟水干流	扎马隆
		湟水干流湟源县城关镇东峡乡控制子单元	湟源县（城关镇、东峡乡）	湟水干流	
		拉拉河湟源县大华镇控制子单元	湟源县（大华镇）	拉拉河	
		药水河湟源县日月藏族乡和平乡控制子单元	湟源县（日月藏族乡、和平乡）	药水河	
	湟水海北州控制单元	湟水干流海晏县甘子河乡金滩乡控制子单元	海晏县（甘子河乡、金滩乡）	湟水干流	金滩
	北川河西宁市润泽桥控制单元	柏木峡河大通县向化藏族乡朔北藏族乡控制子单元	大通县（向化藏族乡、朔北藏族乡）	柏木峡河	
		北川河大通县桥头镇长宁镇控制子单元	大通县（桥头镇、长宁镇）	北川河	润泽桥
	北川河西宁市塔尔桥控制单元	北川河大通县宝库乡青山乡控制子单元	大通县（宝库乡、青山乡）	北川河	峡门桥
		北川河大通县城关镇良教乡控制子单元	大通县（城关镇、良教乡）	北川河	塔尔桥

2.2.3 控制断面水质目标要求

根据国家"水十条"、《青海省水污染防治工作方案》《青海省"十三五"环境保护规划》以及青海省各州县"十三五""十四五"环境保护规划，参考《青海省水环境功能区划》规定的功能区水质目标要求，结合国家、区域、省域等上位规划要求，采用定性和定量相结合的方法，确定湟水流域水环境质量目标：

——到 2025 年，湟水流域稳定消除劣Ⅴ类水体，出境控制断面水质稳定达到Ⅳ类及以上，干流Ⅲ类以上水质比例达到 45% 及以上；

——到 2035 年，湟水流域出境控制断面水质稳定达到Ⅲ类，干流Ⅲ类以上水质断面比例达到 54% 及以上，支流断面水质稳定保持在Ⅲ类以上。

表 2-8 湟水流域地表水水质优良和丧失使用功能比例目标

流域		水质类别	2025 年目标	2035 年目标
湟水流域	湟水干流	达到或优于Ⅲ类	45% 西宁段：33% 海东段：50%	54% 西宁段：50% 海东段：50%
		劣于Ⅴ类	0	0
	湟水支流	达到或优于Ⅲ类	100%	100%
		劣于Ⅴ类	0	0

表 2-9 湟水流域主要控制断面水质目标

市州	河流	断面名称	所在区（县）	2025 年目标	2035 年目标
海北州	湟水干流	金滩	海晏县	Ⅱ	Ⅱ
西宁市	湟水干流	扎马隆	湟中区	Ⅱ	Ⅱ
		黑嘴桥	湟中区	Ⅲ	Ⅱ
		西钢桥	城北区	Ⅳ	Ⅳ
		新宁桥	城西区	Ⅳ	Ⅳ
		报社桥	城中区	Ⅳ	Ⅳ
		小峡桥	城东区	Ⅳ	Ⅲ
	北川河	峡门桥	大通县	Ⅰ	Ⅰ
		塔尔桥	大通县	Ⅱ	Ⅱ
		桥头桥	大通县	Ⅱ	Ⅱ
		新宁桥—大通	大通县	Ⅱ	Ⅱ
		润泽桥	大通县	Ⅲ	Ⅱ
		朝阳桥	城北区	Ⅲ	Ⅲ
	南川河	老幼堡	湟中区	Ⅲ	Ⅱ
		七一桥	城西区	Ⅲ	Ⅲ
海东市	湟水干流	湾子桥	平安区	Ⅳ	Ⅳ
		老鸦峡口	乐都区	Ⅳ	Ⅲ
		民和桥	民和县	Ⅲ	Ⅲ
		边墙村	民和县	Ⅲ	Ⅲ
	沙塘川河	三其桥	互助县	Ⅲ	Ⅲ
	引胜沟	引胜沟入湟口	乐都区	Ⅲ	Ⅲ

2.3 流域水环境质量管理分区体系

2.3.1 水环境质量分区管控单元

（1）优先保护区控制单元

将湟水流域干支流源头、饮用水水源保护区、河湖及其生态缓冲带等重要水环境功能区及所属的控制单元作为水环境优先保护区，见表 2-10。

表 2-10 湟水流域水环境优先保护区控制单元清单

序号	控制单元名称	地市	区（县）	主要水体
1	拉拉河湟源县大华镇控制子单元	西宁市	湟源县	拉拉河
2	北川河大通县宝库乡青山乡控制子单元	西宁市	大通县	北川河
3	西纳川河湟中区上五庄镇拦隆口镇控制子单元	西宁市	湟中区	西纳川河
4	北川河大通县城关镇良教乡控制子单元	西宁市	大通县	北川河
5	西纳川河海晏县哈勒景蒙古族乡控制子单元	海北藏族自治州	海晏县	西纳川河
6	湟水干流海晏县甘子河乡金滩乡控制子单元	海北藏族自治州	海晏县	湟水干流
7	下水磨沟乐都区李家乡马营乡控制子单元	海东市	乐都区	下水磨沟
8	岗子沟乐都区瞿昙镇控制子单元	海东市	乐都区	岗子沟
9	松树沟民和县峡门镇新民乡控制子单元	海东市	民和县	松树沟

1）饮用水水源保护区：湟水流域现状共有 18 个县级以上城镇集中式饮用水水源地，其中仅有大通县七水厂（黑泉水库）水源地、互助县南门峡水库水源地、民和县西沟水源地、峡门水库水源地 4 个地表水水源地，其余 14 个水源地全部为地下水水源地。现状主要地表水水源地周围无工厂，无农户居住，无农田分布、无畜禽养殖等污染源。根据 2015 年湟水流域地表水水源地水质监测成果，各主要水源地水质较好，主要水质指标均稳定达到《地表水环境质量标准》（GB 3838—2002）Ⅲ类水质标准，大部分时间可基本达到Ⅱ类标准。考虑到青海省地广人稀，人为污染轻，源头水质优良，从保护水质和兼顾未来发展的需要，湟水流域部分水域兼有非集中式饮用水水源功能，在区划中参照饮用水

水源功能划分为饮用水水源保护区。根据《青海省水环境功能区划（2017 年）》，湟水流域共划分饮用水水源保护区 84 个，占总功能区的 53.1%，涉及河道长度 1 235.8 km，湖库面积 12.3 km^2。

2）源头水保护区：湟水干流和主要支流源头地区地广人稀，基本没有人为污染，源头水质优良，从保护源头水质和兼顾未来发展的需要，对江河源头区水体和陆地予以特殊保护和管理。根据《青海省水环境功能区划（2017 年）》，湟水流域共划分源头水保护区 6 个，占总功能区的 3.2%，涉及河道长度 163.4 km，执行地表水环境质量Ⅰ类、Ⅱ类标准。根据以上要求，湟水流域共划分水环境优先保护区控制子单元 9 个。

（2）重点管控区控制单元

将湟水流域“十三五”时期现状水质超标的控制单元作为重点管控区，并结合控制单元污染负荷情况将单元划分为水环境城镇生活污染重点管控区、水环境工业污染重点管控区和农业污染重点管控区。此外，对于现状水质虽未超标，但是根据规划，未来将作为重点工业发展区的控制单元也作为工业源重点管控区。

根据以上要求，湟水流域共划分水环境重点管控区子单元 13 个，其中水环境工业污染重点管控区 8 个、水环境城镇生活污染重点管控区 5 个，见表 2-11。

表 2-11　湟水流域水环境重点管控区控制单元清单

序号	控制单元名称	地市	区（县）	主要水体	单元类型
1	南川河湟中区上新庄镇总寨镇控制子单元	西宁市	湟中区	南川河	水环境工业污染重点管控区
2	湟水干流西宁城中区控制子单元	西宁市	城中区	湟水干流、南川河	水环境工业污染重点管控区
3	湟水干流西宁城东区控制子单元	西宁市	城东区	湟水干流、沙塘川河	水环境工业污染重点管控区
4	湟水干流西宁城北区控制子单元	西宁市	城北区	湟水干流	水环境工业污染重点管控区
5	湟水干流湟中区鲁沙尔镇多巴镇控制子单元	西宁市	湟中区	湟水干流	水环境工业污染重点管控区
6	北川河大通县桥头镇长宁镇控制子单元	西宁市	大通县	北川河	水环境城镇生活污染重点管控区
7	湟水干流西宁城西区控制子单元	西宁市	城西区	湟水干流、南川河	水环境城镇生活污染重点管控区

续表

序号	控制单元名称	地市	区（县）	主要水体	单元类型
8	白沈沟平安区古城乡平安镇控制子单元	海东市	平安区	白沈沟	水环境城镇生活污染重点管控区
9	沙塘川河互助县威远镇塘川镇控制子单元	海东市	互助县	沙塘川河	水环境工业污染重点管控区
10	哈拉直沟互助县丹麻镇哈拉直沟乡控制子单元	海东市	互助县	湟水干流	水环境城镇生活污染重点管控区
11	湟水干流乐都区高庙镇洪水镇控制子单元	海东市	乐都区	湟水干流	水环境城镇生活污染重点管控区
12	湟水干流民和县松树乡川口镇控制子单元	海东市	民和县	湟水干流	水环境工业污染重点管控区
13	湟水干流乐都区高店镇碾伯镇控制子单元	海东市	乐都区	湟水干流、引胜沟	水环境工业污染重点管控区

（3）一般管控区控制单元

将湟水流域除水环境优先保护区、水环境重点控制区之外的其他水环境功能区及其所属的控制单元作为一般管控区。根据以上要求，湟水流域共划分水环境一般管控区子单元 8 个，见表 2-12。

表 2-12　湟水流域水环境一般管控区控制单元清单

序号	控制单元名称	地市	区（县）	主要水体
1	小南川河湟中区土门关乡田家寨镇控制子单元	西宁市	湟中区	小南川河
2	柏木峡河大通县向化藏族乡朔北藏族乡控制子单元	西宁市	大通县	柏木峡河
3	湟水干流湟源县城关镇东峡乡控制子单元	西宁市	湟源县	湟水干流
4	湟水干流湟源县巴燕乡申中乡控制子单元	西宁市	湟源县	湟水干流
5	药水河湟源县日月藏族乡和平乡控制子单元	西宁市	湟源县	药水河
6	隆治沟民和县古鄯镇隆治乡控制子单元	海东市	民和县	隆治沟
7	林川河互助县林川乡台子乡控制子单元	海东市	互助县	林川河
8	祁家川平安区石灰窑乡三合镇控制子单元	海东市	平安区	祁家川

（4）水环境管控分区成果

综上所述，湟水流域共划分水环境优先保护区控制子单元 9 个、水环境重点管控区控制子单元 13 个，以及水环境一般管控区子单元 8 个，见图 2-3。

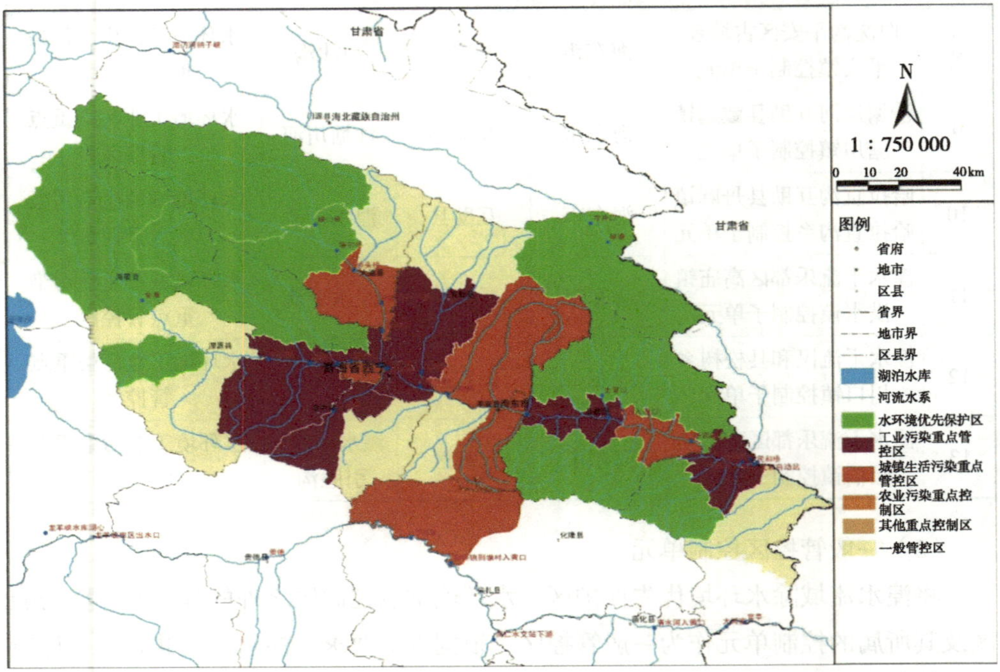

图 2-3　湟水流域水环境分区管控

从各市（州）管控单元分布情况来看，西宁市共分为控制单元 16 个，其中水环境优先保护区单元 4 个，水环境污染重点控制区 7 个，一般管控区 5 个；海东市共分为控制单元 12 个，其中水环境优先保护区单元 3 个，水环境污染重点控制区 6 个，一般管控区 3 个；海北州分为控制单元 2 个，其中水环境优先保护区单元 2 个，水环境污染重点控制区 0 个，见表 2-13。

表 2-13　湟水流域分地市水环境管控单元情况

市州	优先保护区	重点管控区			一般管控区	总计
		城镇生活污染重点管控区	工业污染重点管控区	农业污染重点管控区		
西宁市	4	2	5	0	5	16
海东市	3	3	3	0	3	12
海北州	2	0	0	0	0	2

2.3.2　流域水环境分区管控要求

（1）优先保护区管控要求

从空间上看，水环境优先保护区主要集中于湟水干支流水系上游流域；从水环境功能区管理要求上看，区域多为重要江河源头、饮用水水源保护区等重要水环境功能区。区域现状水质优良，但生态脆弱敏感，需严格空间管控，保护优良水质，其管控要求是：

1）从空间布局约束方面，要加强国家重要水体水生态保护，筑牢国家重要水体水生态安全屏障。采取自然修复与工程建设相结合的措施，实施湿地与河湖生态系统保护和建设工程，进一步提高区域水源涵养功能和河湖水体的自净能力，保持江河径流量的稳定，确保湟水青—甘交界边墙村断面水质稳定达到Ⅳ类并向好发展。

2）在水生态环境风险防控方面，依法加强饮用水水源地保护和规范化建设，完成西宁市第四至第七水源和海东市互助县南门峡水库、化隆后沟水库及海西州格尔木河西水源地环境风险整治，开展村镇饮用水水源地调查评估和保护区划定工作，对农村集中式饮用水水源地水质实施定期监测，定期向社会公开饮用水安全状况信息。

（2）重点管控区管控要求

从空间上看，水环境重点管控区主要集中在湟水流域的湟水干流中下游西宁、海东城区段和北川河、南川河、沙塘川河等主要支流中下游区域。区域是湟水流域，也是整个青海省人口密度、经济最发达的地区，其水环境质量状况对整个青海的国民经济可持续发展和社会稳定具有重要意义。从水环境功能区管理要求上看，区域多为工业用水区和一般性的渔业用水区；区域污染负荷排放集中，剩余水环境容量不足，水质按期达标压力较大，其管控要求是：

1）空间布局约束上，要实行环境容量质量硬约束，强化空间管控，深入推进流域水环境综合治理。要在《湟水流域水环境综合治理规划（2016—2025 年）》的基础上，以水定容、以水定产，要建立与环境质量要求相关联的新（改、扩）建项目不同倍量的总量置换削减、排污指标申购等总量控制措施，对新建项目执行最严格的排放标准，严控高耗能、高排放和产能过剩行业新上项目。

2）在污染物排放管控方面，要按照“一河段一策、一支流一策”思路，准确识别流域和控制子单元水环境问题，实行工业、生活、农业面源差别化、精细化排放管理。

——加大工业源治理力度。加快淘汰严重污染环境的不达标企业，制定实施重点行业限期整治方案，升级改造环保设施，确保稳定达标，对长期超标排放的企业、无治理能力且无治理意愿的企业、达标无望的落后产能和过剩产能依法予以关闭淘汰。大力实施重点行业企业达标排放限期改造工程，制定焦化、氮肥、有色金属、藏毯、农副食品加工、原料药制造、电镀等行业专项治理方案，对废水不能稳定达标排放的工业企业进行全面达标排放改造。加大推进工业园区（工业集聚区）内企业废水预处理设施、园区集中处理设施以及配套管网、在线监控等设施建设力度，加大涉水企业治污设施升级改造力度，提高污染治理水平。

——坚持城乡生活污水治理并重。全面加强配套管网建设，加快西宁市现有合流制排水系统雨污分流改造，西宁市、海东市新区建设均实行雨污分流，有条件的地区要推进初期雨水收集、处理和资源化利用。大力推进城镇生活污水深度治理，提高污水处理厂脱氮除磷效率。加快推进西宁市、海东市污泥无害化处置工程建设及运行。推进西宁市、海东市城中村和城乡接合部污水截流、收集、纳管，加快雨污分流改造，建设湟水河沿岸周边部分村庄生活污水处理设施。

——大力控制农牧业面源污染。按时完成湟水流域畜禽养殖禁养区、限养区的划定，并限期依法关闭或搬迁禁养区内的畜禽养殖场（小区）和养殖专业户，现有规模化畜禽养殖场（小区）配套建设粪便污水贮存、处理、利用设施，鼓励培育养殖业和设施农业的循环发展模式，推进养殖废弃物生物质燃料的综合利用。积极推进农膜回收及加工再利用，农药化肥等包装废弃物的安全收集处置设施建设，最大限度地减轻农业面源污染。

3）在水生态环境风险防控方面，要加强对重点区域和重点源环境风险综合管控。以西宁经济技术开发区、海东工业园区为重点，强化环境风险防控工作，突出全防全控，完善各项环境风险防范制度，确保将风险防范融入日常环境管理制度体系，加强执法监督，逐步实现对重点工业园区、重点企业和主要环境风险类型的动态监控。继续加强涉重行业综合防控，加强西宁经济技术开发区甘河工业园、北川工业园、东川工业园 3 个国家重金属重点防控区的监管，实施重点防控区重金属污染防治项目，进一步完善园区环保基础设施和企业治污装备，提升治污水平；进一步强化有色金属冶炼、化学原料制品制造等涉重行业管控措施，实施涉重行业生产技术清洁化改造。加强化学品风险防控，初步构建化学品环境风险信息管理体系，实行重点环境管理危险化学品环境风险评估，重点加强西宁市、海东市和海北州废弃危险化学品的安全处置，降低化学品聚集区域的环境风险。

（3）一般管控区管控要求

从空间上看，水环境一般管控区主要集中在湟水流域部分支流上中游区域；从水环境功能区管理要求上看，区域多为景观娱乐用水区、过渡区等，现状水质达标，尚有一定的剩余水环境容量，其管控要求是：

1）在空间布局约束方面，要在合理发展的同时严格保护水环境。要依据控制单元水环境容量资源定人、定产，合理进行城市空间和产业布局，对新（改、扩）建项目实行总量置换削减、排污指标申购等总量控制措施，严控高耗能、高排放和产能过剩行业新上项目。

2）在污染物排放控制方面，要因地制宜，进一步强化对生活源的治理力度。要强化对农村分散生活污水、污水处理厂高效稳定运行技术问题上的突破，通过完善重点乡镇和人口聚集区污水处理设施及配套管网等工程，进一步改善水质；通过重点实施河道生态护岸、垫层建设及现有河道内水工构筑物生态化改造，加强流域内水生态修复。

3）在水生态环境风险防控方面，要进一步完善工业企业和矿山环境风险防范与管理体系建设。要进一步开展企业、矿山环境风险隐患排查与风险评估，努力降低涉重金属、危险废物、化学品等重点领域区域环境风险，将环境风险管控在经济社会可接受水平，守住环境安全底线。

第3章 “精准溯源”——湟水流域水污染源清单精准溯源解析技术

3.1 湟水流域“陆－水”一体化耦合水环境模型构建

3.1.1 湟水流域 SWAT 模型

3.1.1.1 SWAT 模型的基本原理

SWAT 模型是国内外广泛使用的开源的分布式非点源模型，能够有效地模拟在不同土地利用、土壤以及社会经济发展变化下，山区地表水、地下水径流和水质变化情况，满足精确地分析和模拟典型区水量水质入汇的需求。

SWAT 模型能够对流域产汇流过程、水土流失过程和污染物迁移转化过程进行模拟，估算污染源的强度和输出负荷量，有较好的耦合作用，模拟精度较高，同时可以加入 LID 以及 BMPs 措施进行具体的流域模拟，估算结果的实际意义较大。通过 SWAT 模型，估算污染源的强度和输出负荷量进行典型区污染负荷计算，从而确定典型区进入干流断面的水量水质。在此基础上，形成典型区对干流水动力学水质模型的水量水质输入边界。

SWAT 模型主要包括 3 个子模块，即水文过程、土壤侵蚀和污染负荷。SWAT 模拟演算过程涵盖了降水（降雨、降雪）、蒸散发（土壤、植被、水面等）、地表径流、壤中流、地下径流以及河道汇流等过程。模型可连续模拟地表水和地下水的水量、产沙和营养物质迁移，长期模拟及预测土地管理措施对大尺度复杂流域的径流、泥沙和营养物质产量的影响。从模型结构来看，SWAT 属于第二类分布式水文模型，即在每一个网格单元（或子流域）上应用传统的概念性模型来推求净雨，再进行汇流演算，最后求得出口断面流量和相关污染物浓度。

3.1.1.2 湟水流域 SWAT 模型构建流程

（1）水文单元划分

利用 SWAT 模型的流域划分模块来进行河网的提取及子流域的划分，并确定基本计算单元——水文响应单元（HRU）。首先确定水文分区，然后根据行政单元和控制单元的边界范围，对水文单元进行适当的调整，确保水文单元不将城市中心进行切割。在水文单元确定的基础上，获得 HRU。HRU 是 SWAT 的最小计算单元，具有统一的土壤、土地利用属性和坡度等级。在划分水文响应单元之前，首先，利用 ArcSWAT 的土地利用、土壤和坡度定义模块加载土地利用与土壤图，并选择对应的索引关系表来进行空间叠加分析；其次，采用多水文响应单元划分方法，设置土地利用阈值、土壤面积阈值和坡度等级。

（2）模型数据准备

SWAT 模型的数据需要地形、土地利用类型、土壤类型、植被状况、水文气象基础数据以及区域内污染源（含点源、面源）等数据的支持。为了保证数据与模型的匹配，需要将数据转化为模型可直接利用的数据类型。依照模型文件的组织关系，将所需要的数据都放在 Databases 下的 SWAT2009.mdb 数据库中。需要准备的数据一般如表 3-1 所示。

表 3-1 SWAT 模型需要准备的数据

数据层名称	数据类型
DEM	TIF 栅格
气象数据库	数据
土地利用图	Shp 矢量
土壤类型图	TIF 栅格
点源数据库	Shp 矢量
非点源数据	文本数据

3.1.2 湟水流域河网水动力水质模型

3.1.2.1 一维河网水动力水质模型基本原理

（1）水动力模型

水动力模型控制方程包括河道中水流的连续方程、动量方程和节点处的水量连续方程。通过求解完整的一维圣维南方程，得到理论上的精确解，河道控制方程和节点控制方程如下。

1）河道控制方程

连续方程：

$$\frac{\partial Q}{\partial x}+\frac{\partial A}{\partial t}=0$$

式中：Q 为流量，m^3/s；x 为距离，m；$\frac{\partial Q}{\partial x}$为进出控制单元体的水量变化项；$A$ 为过水断面面积，m^2；t 为时间，s；$\frac{\partial A}{\partial t}$ 为控制单元体的水体体积变化项。

动量方程：

$$g\cdot A\cdot\frac{\partial H}{\partial x}+\frac{\partial\left(\frac{Q^2}{A}\right)}{\partial x}+\frac{\partial Q}{\partial t}+g\cdot A\cdot S_f=0$$

式中：g 为重力加速度，9.8 m/s^2；H 为水深，m；$g\cdot A\cdot\frac{\partial H}{\partial x}$为压力和重力项；$\partial(Q^2/A)/\partial x$ 为对流加速度项；$\frac{\partial Q}{\partial t}$为控制单元体的水量随时间变化项；$g\cdot A\cdot S_f$ 为摩擦阻力项；S_f 为摩阻坡度，由曼宁公式求得

$$S_f=\frac{K}{g\cdot A\cdot R^{\frac{4}{3}}}\cdot Q\cdot|V|$$

式中：$K=g\cdot n^2$，n 为河道的曼宁系数；R 为过水断面的水力半径，m；V 为流速，绝对值表示摩阻力的方向与水流方向相反，m/s。

假设 $Q^2/A=v^2A$，v 表示平均流速，将 $Q^2/A=v^2A$ 代入方程中的对流加速度项 $\partial(Q^2/A)/\partial x$，即可得方程：

$$g\cdot A\cdot\frac{\partial H}{\partial x}+2\cdot A\cdot v\cdot\frac{\partial v}{\partial x}+v^2\cdot\frac{\partial A}{\partial x}+\frac{\partial Q}{\partial t}+g\cdot A\cdot S_f=0$$

将 $Q=Av$ 代入连续方程，方程式两边再同时乘以 v，移项得方程：

$$A\cdot v\cdot\frac{\partial v}{\partial x}=-v\cdot\frac{\partial A}{\partial t}-v^2\cdot\frac{\partial A}{\partial x}$$

将方程代入动量方程中，得到基本的流量方程式：

$$g\frac{\partial H}{\partial x}-2v\cdot\frac{\partial A}{\partial t}-v^2\cdot\frac{\partial A}{\partial x}+\frac{\partial Q}{\partial t}+g\cdot A\cdot S_f=0$$

忽略 S_f 项，将方程与方程联立，即可依次求解各时段内每个河道的流量和每个节点的水头。有限差分格式如下：

$$Q_{t+\Delta t}=Q_t-\frac{K}{R^{\frac{4}{3}}}\cdot|V|\cdot Q_{t+\Delta t}+2V\cdot\frac{\Delta A}{\Delta t}+V^2\frac{A_2-A_1}{L}-g\cdot A\frac{H_2-H_1}{L}\Delta t$$

式中：L 为河道长度，m。下标 1 和下标 2 分别表示河道或渠道的上下节点；从方程式即可求得

$$Q_{t+\Delta t}=\left[\frac{1}{1+\left(K\cdot\Delta t/\bar{R}^{\frac{4}{3}}\right)\cdot|\bar{V}|}\right]\left[Q_t+2|\bar{V}|\cdot\Delta A+V^2\frac{A_2-A_1}{L}\Delta t-g\cdot\bar{A}\frac{H_2-H_1}{L}\Delta t\right]Q_t$$

式中：$\bar{V}$、$\bar{A}$、$\bar{R}$分别为 t 时刻的河道末端的加权平均值，此外，为考虑河道的进出口水头损失，可以从 H_2 和 H_1 中减去水头损失。方程式的主要未知量为 $Q_{t+\Delta t}$、H_2、H_1，变量$\bar{V}$、$\bar{A}$、$\bar{R}$都与 Q、H 有关。因此，还需要有 Q 和 H 有关的方程，可以从节点方程得到。

2）节点控制方程

节点控制方程为

$$\frac{\partial H}{\partial t}=\frac{\sum Q_t}{A_{sk}}$$

式中：H 为节点水头，m；Q_t 为进出节点的流量，m^3/s；A_{sk} 为节点的自由表面积，m^2。

将方程式化为有限差分格式为

$$H_{t+\Delta t}=H_t+\frac{\sum Q_t\cdot\Delta t}{A_{sk}}$$

联立方程即可依次求得 Δt 时段内每个连接段的流量和每个节点的水头。

（2）水质模型

在河网模型中，采用溶解态污染物的质量平衡，综合分析其污染物的来源、抽排，以及污染物在水体中的扩散和降解过程，质量平衡如图 3-1 所示。

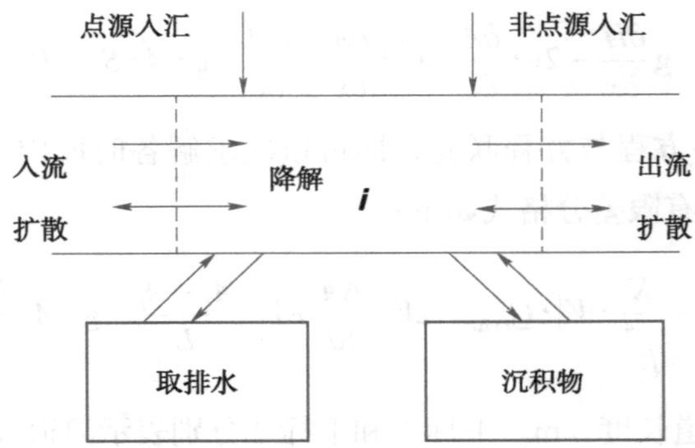

图 3-1　水质质量平衡过程

基于上述水质质量平衡原理，河网中污染物对流扩散方程为

$$\frac{\partial Ac}{\partial t}+\frac{\partial Qc}{\partial x}=\frac{\partial}{\partial x}\left(AE_x\frac{\partial c}{\partial x}\right)+A\left(S_{\mathrm{kp}}+S_{\mathrm{kc}}-\frac{1}{h}D_s\right)$$

式中：c 为污染物浓度，mg/L；A 为断面面积，m^2；Q 为流量，m^3/s；E_x 为扩散系数，m^2/s；S_{kp} 为外部负荷，包括点面源汇入，大气干湿沉降等，mg/（L·d）；S_{kc} 为水体生态转化引起的源项，mg/（L·d）；D_s 为底泥污染物浓度变化速率，mg/（L·d）。研究暂不考虑生态和底泥作用。

对于外部负荷，重点考虑点源和非点源，当不同的污染源通过同一个节点汇入时，对其进行混合处理，计算公式为

$$S_{\mathrm{kp}}=\sum_{j=1}^{psi}Q_{ps,i,j}c_{psi,j}+\sum_{j=1}^{npsi}Q_{nps,i,j}c_{npsi,j}$$

式中：$c_{psi,j}$ 为单元 i 中第 j 个点源的浓度，mg/L 或 μg/L；$c_{npsi,j}$ 为单元 i 中第 j 个非点源的浓度，mg/L 或 μg/L。

（3）河网计算单元划分

将河网划分为一系列河段，每个河段划分不同的计算单元，计算单元之间通过节点相连。每两个节点之间的计算单元，概化为具有相同物理、化学和生物特性单元，如剖面形态、糙率、比降、宽度等。每个计算单元的输入通过与其相连的两个节点汇入，包括点源、非点源、取水口等。模型的基本结构如图 3-2 所示。

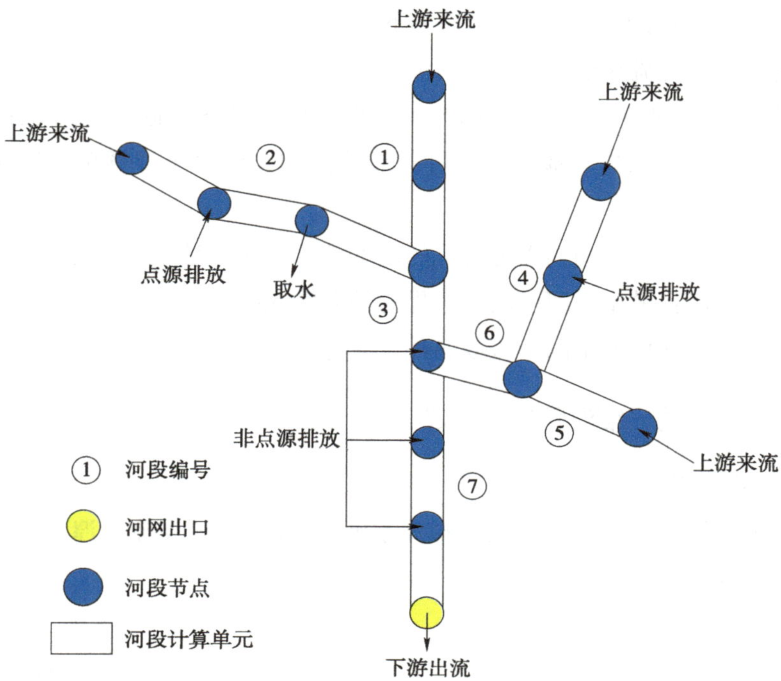

图 3-2 河网模型的基本结构

河网中，河段编号遵循从主流到支流、从上游到下游的编号顺序，即以主干河流源头为起点从 1 开始顺序编号，当到达支流的时候，应从支流源头开始继续编号（图 3-3）。可以观察到，从干流源头开始，所有支流从源头到干流汇合口都是连续的升序编号，从而概化为一系列的河段。

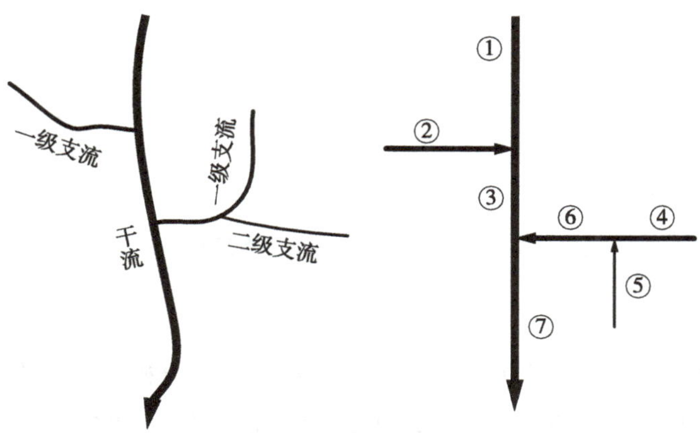

图 3-3 河网河段划分结构

在模型中，主要的空间拓扑结果如下：

①河段：干支流交汇处分割的河流。

②节点：河网节点，用于连接计算单元的模型条件输入点，包括来流输入、外流入汇、取水口、堰、大坝等一级节点和其他用于计算单元连接的二级节点。

③计算单元：具有相同水力特征的基本计算单元，是对河段的进一步划分。

④河源河段：模型中河段的上边界为外源输入的河段。

⑤河流：河网模型中的干流或各种支流等河流。

3.1.2.2 湟水流域一维河网模型构建

（1）计算范围

以湟水流域为研究范围，共模拟湟水河和 34 条主要支流。湟水流域重要河流和水文站点分布如图 3-4 所示。

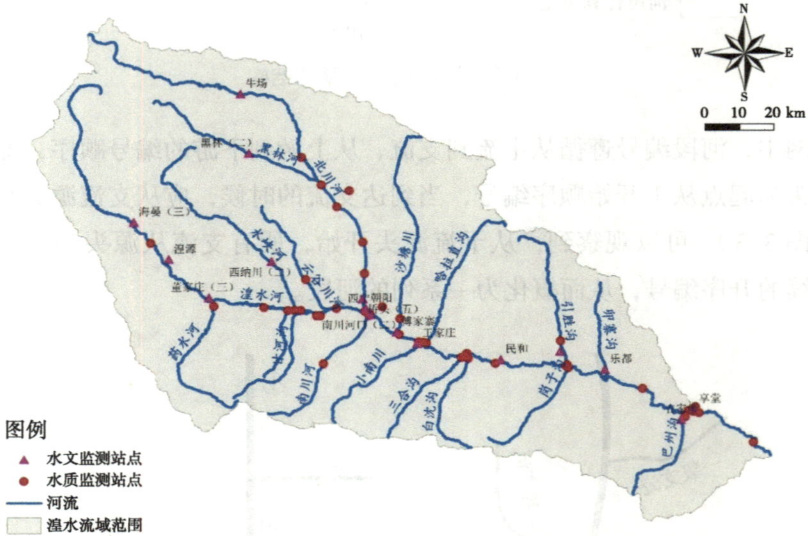

图 3-4　湟水流域重要河流和水文站点分布

（2）河网拓扑

对河网模型模拟范围内的河流进行空间拓扑关系分析，以干支流交汇处为分段节点，确定河网模型的河段编号，共划分河段 68 个，如图 3-5 所示。

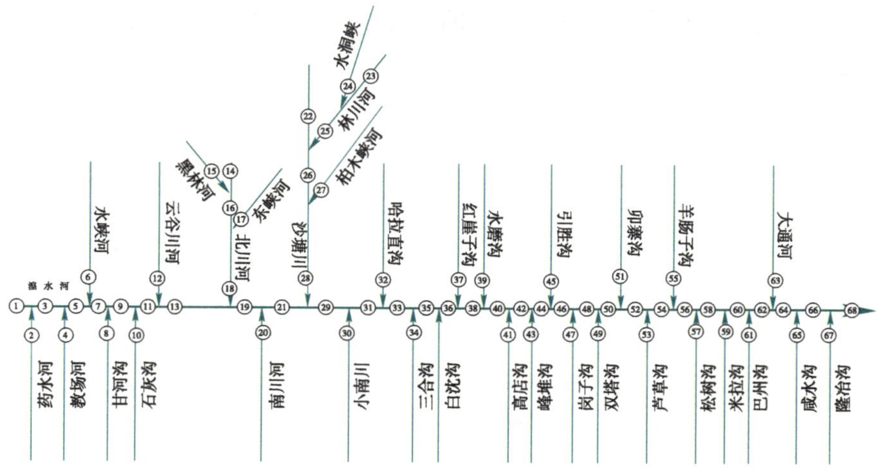

图 3-5 河段划分概化图

（3）单元划分

在河段划分的基础上，在重要点源排放口、取水口、大型水利工程、控制断面等处设定节点，作为重点考虑目标，并将整个河网按照 100 m 以内划分计算单元。计算单元划分的主要依据包括：

1）县市界：行政区划边界是水质管理的重要区域，流域内有 12 个县级市（图 3-6），将县市边界与河网交汇处设定为行政区划节点。

图 3-6 湟水流域县市分布

2）水质断面：湟水流域水质监测断面是水质监控的重要位置，以水质断面所在区域为节点（图 3-7）。

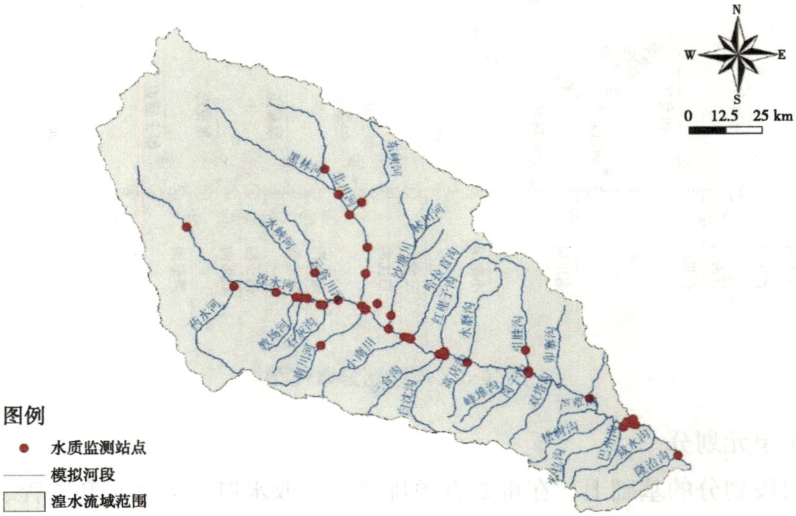

图 3-7　湟水流域水质站点

3）水电工程：在河网模型范围内的水电工程共计 21 个，其中 15 个水电站采取直排形式排放，1 个采取引入式下泄，4 个采取发电放水形式下泄，1 个采取坝后式排放。

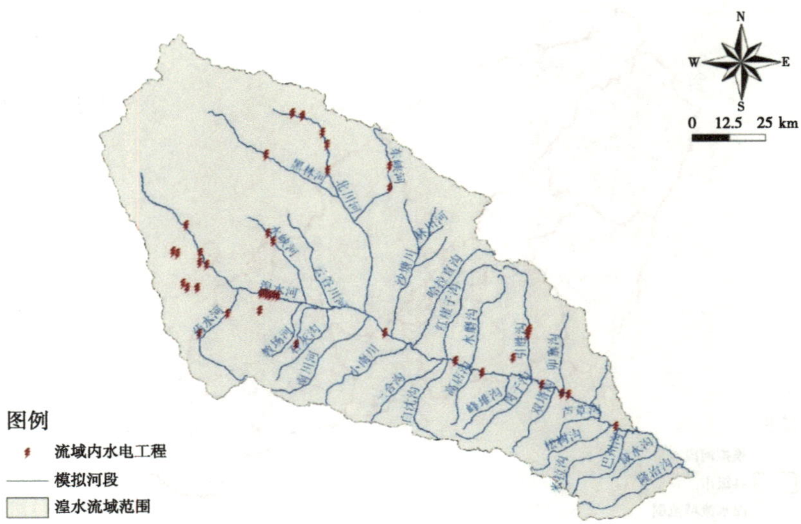

图 3-8　湟水流域水电工程

4）调水工程：引大济湟工程是一项引大通河水穿越达坂山进入湟水河支流北川河上游宝库河的跨流域调水工程。工程的主要任务是向西宁市和北川工业区的生活、工业供水，并结合向河道基流补水，兼顾发电。引大济湟工程由石头峡水利枢纽、调水总干渠、黑泉水库、北干渠、南岸提灌等工程组成。其中，调水河段位于青海省门源县青石嘴镇境内，受水河段位于青海省大通县境内，黑泉水库、西纳水库为调水引水水库。大通河调水进入湟水流域后，通过调水总干渠一部分汇入北川河的黑泉水库，另一部分经西干渠汇入水峡河的西纳川水库，其他则经北干渠和三分干等汇入其他河流。由于调水工程将会对湟水流域内水量、水质产生影响。本研究构建的河网模型在该区域划分节点，通过模型模拟调水工程对湟水流域水环境的影响。

“引大济湟”工程布局见图 3-9。

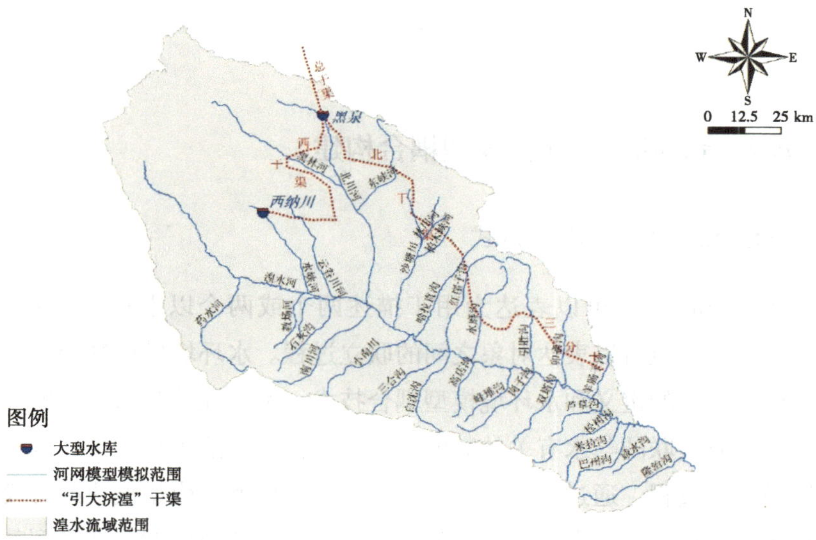

图 3-9　“引大济湟”工程布局

5）计算单元划分结果：综合考虑上述节点，最终划分计算单元的一级节点和二级节点，其中一级节点 128 个（图 3-10）。在一级节点连接的河段中，按照每隔不高于 100 m 的长度，划分二级节点，最终划分的二级计算单元为 5 792 个，计算单元中最短为 20 m，最长为 450 m。

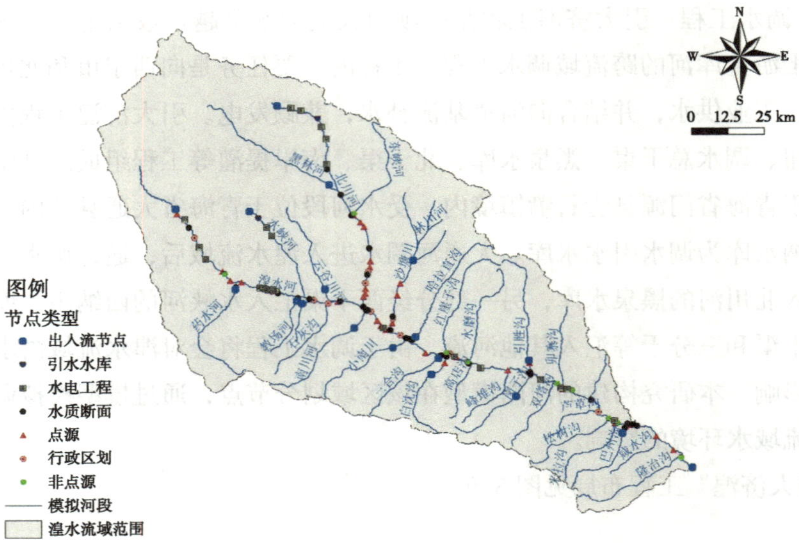

图 3-10　湟水流域一维河网模型一级节点分布

3.1.3　湟水流域陆水一体化模型耦合构建

3.1.3.1　流域水环境模型耦合方式

耦合（Coupling），可以表达为用于描述两个或两个以上相互联系的对象，既可以是一种现象也可以表达对象之间的联立过程。水环境模型耦合还缺乏明确的定义。综合耦合的定义和水环境模型耦合技术，本研究认为水环境模型耦合指将两个或多个有关联的与水有关的数值模型（或模型算法）相连接，以实现更复杂水环境模拟的过程。通过耦合，能将各个分离的模型、模型模块或者模拟不同内容的理论算法集成为一个相互关联的、统一和协调的新模型，使模型整体的功能或性能得到提升，从而符合实际应用要求。模型耦合按照耦合的方式分为紧密耦合和松散耦合。

（1）紧密耦合

水环境模型的紧密耦合，又可以称为嵌入耦合方式，即在求解模型方程组的层次，将一种模型变量代入另一种模型变量中，进行耦合求解。这类耦合方式中，以水动力耦合水质或泥沙模型为主。在紧密耦合模型中，水动力控制方程一般采用非恒定流圣维南（Saint-Venant）方程、Navier-Stokes 方程等，通过这些方程解出流速，作为变量代入污染物对流扩散方程或者泥沙输移方程中，进而求解得到水质模型的污染物浓度和泥沙模型的泥沙浓度。耦合模型的常用求解方法有欧拉法、四阶龙格库塔法和五阶龙格库塔质量控制法等。紧密耦合模型在每个计算时间步长，会将条件模型的结果输入另一个模型中进行方程求解，这种方式能更精细地反映水动力变化过程对水质、泥沙等物理过程的影响。如利用圣维南方程组为基础开发水动力模块，将水动力模块得到的流速嵌入水质模块中污染物扩散方程，最终联立求解，能精确模拟污染物的扩散和演进情况。但由于紧密耦合需要将条件模型结果嵌入另一模型的方程中求解，这需要修改模型的控制方程或者在增加新的控制方程后与原控制方程联立求解，相当于重新构建一套新的模型。这对模型应用的专业程度要求较高，且需要进行模型的二次开发，要求应用者掌握模型的基本原理，或拥有不同模型的源代码。实际模型应用中，这种要求很少能满足，因此紧密耦合模型研究和应用相对较少。

（2）松散耦合

水环境模型松散耦合中，需要将不同模型独立封装，然后通过调用可执行程序或者动态链接库的方式进行衔接。由于这种耦合方式不需要理解源码中的模型求解过程，模型耦合操作相对简单，已成为当前广泛应用的模型耦合技术。在松散耦合过程中，模型以黑箱方式运行，用户不需要知道模型内部的原理细节，只需要理解模型的输入 / 输出接口，这极大地提高了模型之间耦合的灵活性。通过松散耦合，各种模型既能独立运行，又能相互配合，共同模拟，解决复杂的水环境问题。开展水环境的松散耦合，前提是能了解当前主流的模式，根据业务应用需求和不同模型特点与适用范围，选择合适的模型。水环境模型功能不同，开源性差别较大，适用的区域各异。在开展水环境模型的松散耦合过程中，需要针对不同的需要，选择合适的模型。通过松散耦合，能充分利用不同模型的功能，解决单个模型无法模拟的水环境问题。本研究中，水体中采用一维河网水动力水质模型进行模拟，能较好地模拟出水体中的污染物迁移变化过程。陆地模型可以采用通用的非点源模型进行模拟，进而形成基于非点源模型——河网水动力水质模型的松散耦合模式。

3.1.3.2 湟水流域水陆一体化模型耦合框架

（1）松散耦合模型框架

综合考虑研究涉及前置项目的研究成果，采用前置项目构建的 SWAT 模型和本研究构建的水动力水质模型，构建SWAT一维河网水动力水质模型的松散耦合架构。通过SWAT模型，计算得到流域内不同区域的污染物入河量，通过空间位置关系，判断SWAT水文分区与河网模型的空间匹配性，从而确定二者的空间耦合框架；在此基础上，根据SWAT模型的模拟指标和河网水动力水质模型的模拟指标需求，将陆地模型水文单元模拟得到的陆地产流流量和污染物通量进行换算，确定为水体模型模拟需要的来流流量、来流污染物浓度以及旁侧入汇流量和污染物浓度等条件；在此基础上，根据水体模型的模拟时间需求，从陆地模型的模拟结果中挑选出覆盖水体模型模拟时长的模拟结果，作为陆地模型模拟条件。最后融合空间耦合特征、指标耦合特征以及时间耦合关系，构建陆水一体化松散耦合模型框架（图3-11），在松散耦合模型中，模型之间通过传输数据的形式进行衔接，实现陆地模型模拟结果自动输入水体模型模拟条件中。

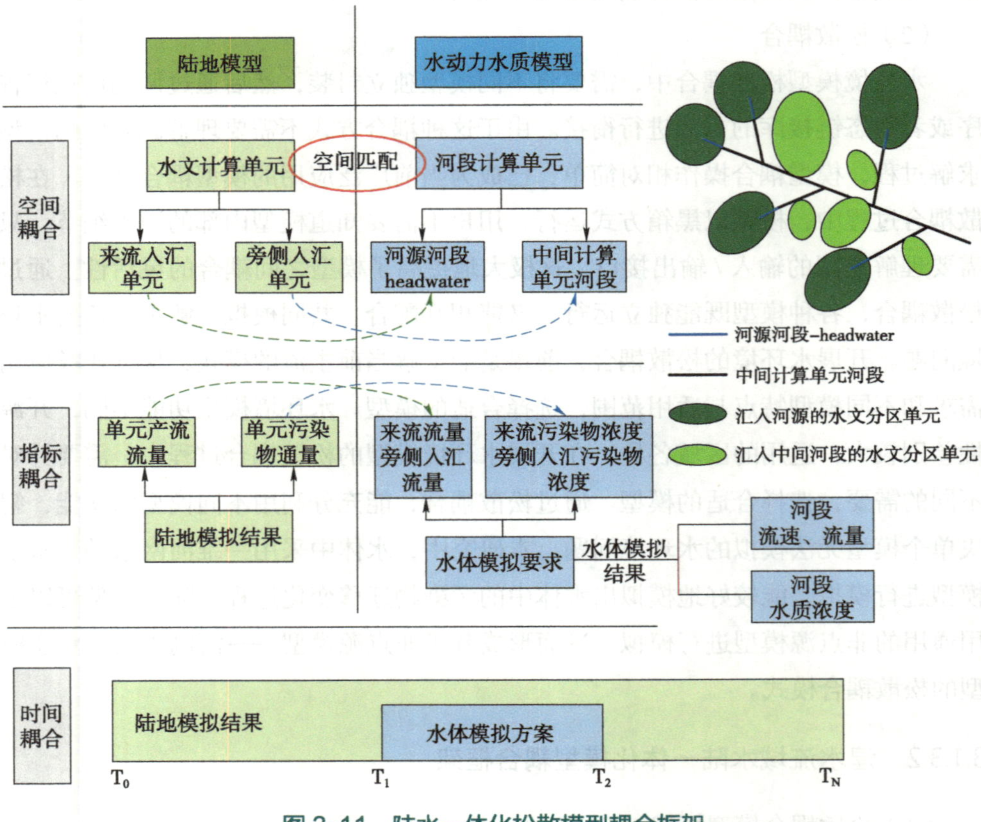

图3-11　陆水一体化松散模型耦合框架

（2）空间耦合

前置课题构建的 SWAT 模型，在空间计算单元上，包括 55 个水文单元，这些水文单元及其河段模拟的成果，可以作为一维河网模型的来流入汇条件和非点源入汇条件。

1）水文分区单元 -headwater 耦合

湟水流域的一维河网模型，入河来流边界包括湟水干流和 34 条支流，共计 35 个 headwater 河段。SWAT 水文分区单元与河网模型 headwater 的空间关系如图 3-12 所示。

图 3-12　SWAT 水文分区单元与河网模型 headwater 的空间关系

综合考虑到耦合关系中，SWAT 水文分区单元计算成果包括 rch 的上下游出入流数据以及 watershed 的产汇流数据，按照河网模型 headwater 与 SWAT 水文分区单元的关系，进行空间关系的耦合。根据空间关系，确定每个一维河网模型 headwater 与 SWAT 水文分区单元的耦合关系，如表 3-2 所示。

表 3-2 一维河网模型 headwater 与 SWAT 水文分区单元的耦合关系

headwater 编号	SWAT 水文分区单元	河段名称	rch 相关性	watershed 相关性
J_1	38	南川河	input	无
J_2	23	教场河	input	无
J_3	52	巴州沟	input	无
J_4	13	云谷川河	input	无
J_5	43	白沈沟	input	无
J_6	24	石灰沟	input	无
J_7	45	羊肠子沟	input	无
J_8	46	药水河	input	无
J_9	7	水峡河	output	无
J_10	1	北川河	output	无
J_12	41	小南川河	input	无
J_13	27	哈拉直沟	input	无
J_14	44	三合沟	input	无
J_15	31	红崖子沟	input	无
J_16	33	水磨沟	input	无
J_17	30	引胜沟	input	无
J_18	50	岗子沟	input	无
J_19	28	甘河沟	input	无
J_20	9	柏木峡河	Input/4	无
J_22	9	水洞峡	input/4	无
J_23	49	大通河	无	output
J_24	36	峰堆沟	无	output/2
J_25	52	米拉沟	input	无
J_26	51	松树沟	input	无
J_27	45	芦草沟	无	output/3
J_28	40	双塔沟	input	无
J_29	39	卯寨沟	无	output/3
J_30	39	高店沟	无	output/2
J_31	55	隆冶沟	input	无
J_32	53	咸水沟	无	output/2

续表

headwater 编号	SWAT 水文分区单元	河段名称	rch 相关性	watershed 相关性
J_34	8	湟水河	input/4	无
J_62	9	林川河	input/4	无
J_63	9	沙塘川河	input/4	无
J_5623	3	黑林河	input	无
J_5723	5	东峡河	input/4	无

注：SWAT 水文分区单元表示 headwater 所对应的 SWAT 水文分区单元编号。rch 相关性表示 headwater 对应的空间关系与 SWAT 的该编号的 reach 空间相关，如相关性中选项为 input 则表示 headwater 的入汇选用该 rch 的输入值，output 则选择该 rch 的输出值；watershed 相关性表示 headwater 所对应的空间关系，与 SWAT 中该编号的 watershed 相关，output 表示 headwater 的入汇选用该 watershed 的陆面水污产生量结果值。

2）水文分区单元 - 河网计算单元耦合

除 headwater 外的河网计算单元与水文分区单元在空间上存在一定的耦合关系。水文分区单元的 watershed 产生的水和污染物，以非点源的形式排放汇入河网计算单元。通过如图 3-13 所示方案进行两者之间的耦合关系分析。

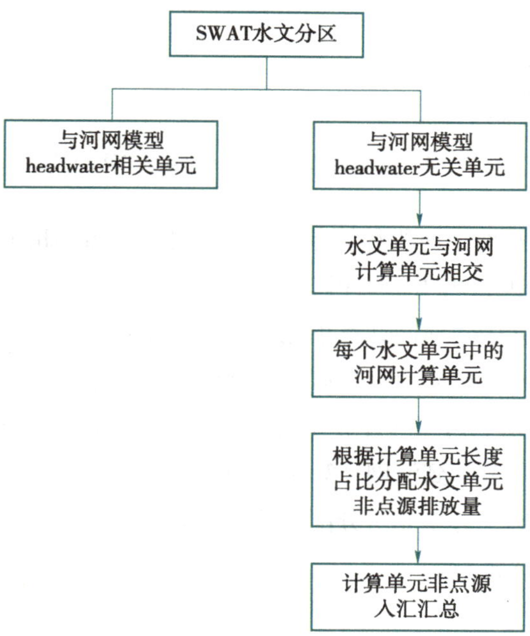

图 3-13 水文分区单元 - 河网计算单元耦合方法

主要步骤包括：

①从所有水文分区中挑选出与一维河网模型不相关的水文单元。分析得到，有 29 个水文单元与 headwaater 相关，其他 26 个水文单元与 headwater 无关（图 3-14）。

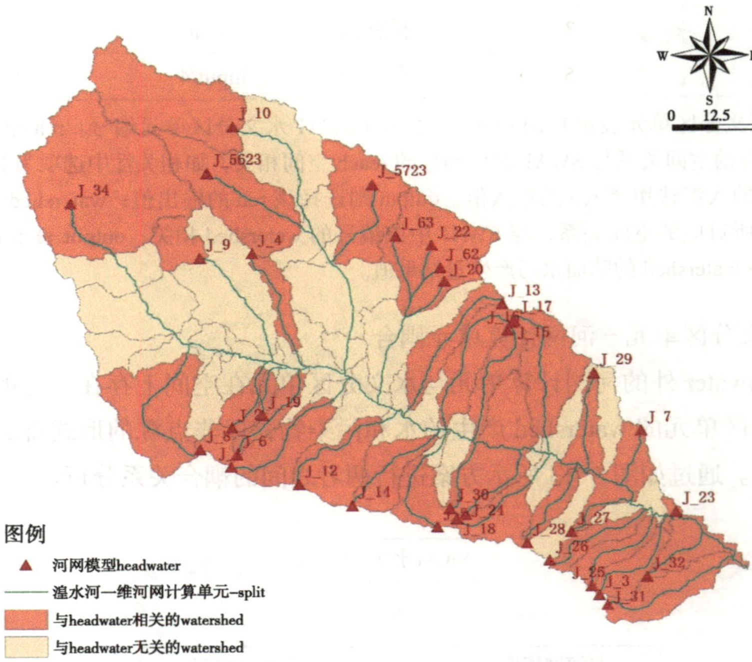

图 3-14 陆地模型的 watershed 与河网关系

②进行一维河网模型河段计算单元与水文单元 watershed 的空间相交关系分析，得到每个水文单元中的河网计算单元数目。

③根据水文单元中的河网计算单元的河段长度除以该水文单元中所有河段计算单元的和，得到水文单元中每个河网计算单元的非点源分配比。

④根据水文单元中的河网计算单元的分配占比，将水文单元 watershed 的产水量、污染物产生量分配到河网计算单元中。

⑤汇总每个河网计算单元所分配到的所有非点源产生量，从而得到每个河网计算单元的非点源入汇量。

（3）指标耦合

水动力水质模型模拟指标包括流量、水位、流速和 COD、TN、TP 与氨氮的水质浓度，综合考虑水动力水质模型模拟需求，确定陆地模型和水动力水质模型的指标耦合关系。

1）流量

①含点源：采用陆地模型 output.rch 结果中的当前 reach 河段的入口流量即为该河道上游和陆地入汇的总流量。

图 3-15 为模拟的典型河段的上游入流与下游出流状况，其第②个河段陆地入汇总量为

$$SUB\_IN_2=FLOW\_IN_{②}-FLOW\_OUT_{①}$$

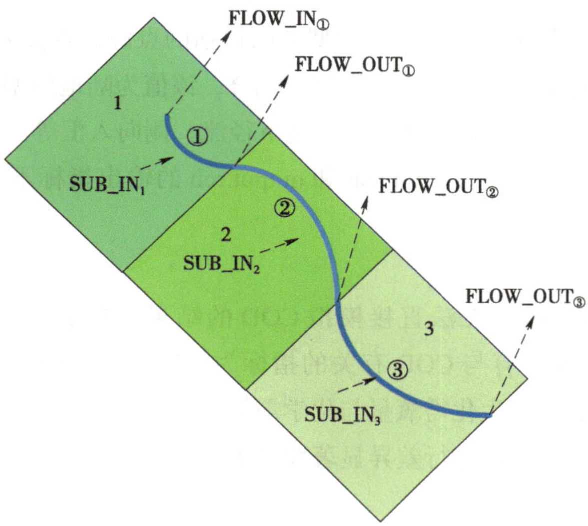

图 3-15　陆地模型 reach 的入流出流状态

图 3-15 中，FLOW_IN 为陆地模型每个河段从陆地输入的水量，根据模型中的计算方式：

a. 在 virtual 模块中，将陆地子流域的出水量 sub_wyld 赋值给 varoute：

varoute（2,ihout）=sub_wyld（sb）*sub_ha*10.　m^3/s

b. 在 addh 中，将河段的子流域入流、上游来流入汇和点源入流来源进行合并：

varoute（ii,ihout）=varoute（ii,inum1）+varoute（ii,inum2）

varoute（ii,inum2）=flocnst（inum3）

其中，inum1 为汇入河段 ihout 的子流域编号，inum2 为汇入河段 ihout 的编

号，inum3 为汇入点源（或者上游来流河段）的编号，该编号关系通过 fig.fig 文件确定。如果河段存在上游来流，则会在 rtout 中，将该上游河段的出口赋值给该河段：

varoute（2,ihout）=rtwtr

c. 在 rtout 中，通过赋值关系，将汇总后的陆地入汇量赋值给 rchdy，即为 FLOW_IN。

rchdy（1,jrch）=varoute（2,inum2）*（1. − rnum1）/ 86400

综上所述，通过 output.rch 的总河段入汇量，减去上游河段的出口量，可以得到该河段上所有陆地产流和点源的入汇量。

②不含点源：如果不考虑陆地模型中已包括的点源，直接采用 output.sub 的结果，则可以通过 sub_wyld（sb）值进行耦合，该值为陆地模型中通过子流域汇入河段中的净水量大小，含地表径流、地下径流、侧向入汇等。

在耦合过程中，由于 output.sub 和 output.rch 的输出指标不一致，需要考虑不同参数的特点，进行确认。

2）COD

由于现有陆地模型无法直接模拟 COD 的结果，在陆地模型 output.sub 和 output.rch 结果中都含有与 COD 有关的指标为 sub_cbod，即生化需氧量模拟结果。大量的研究表明，生化需氧量与化学需氧量之间存在一定的关系。对监测数据基于双因子的方差分析进行差异显著性分析，得到结果如表 3-3 所示。

表 3-3　COD 和 BOD 监测数据差异显著性分析

差异源	SS	*df*	MS	*F*	*P*-value	Fcrit
行	83 209.04	4 127	20.162 11	2.02	6E-112	1.05
列	217 070	1	217 070	21 815.07	0	3.84

从表 3-3 中可以看出，F 大于 Fcrit，P 值小于 0.01，表示 COD 和 BOD 的差异极显著，可以进行相关分析。经过皮尔逊相关分析，得到两者之间的相关系数为 0.54，二者之间具有一定的正相关性，相关关系如图 3-16 所示。

从图 3-16 中可以看出，可以定义 BOD 浓度（C_{BOD}）和 COD 浓度（C_{COD}）之间的相关公式为

$$C_{\mathrm{COD}}=1.539\,7C_{\mathrm{BOD}}+9.080\,9$$

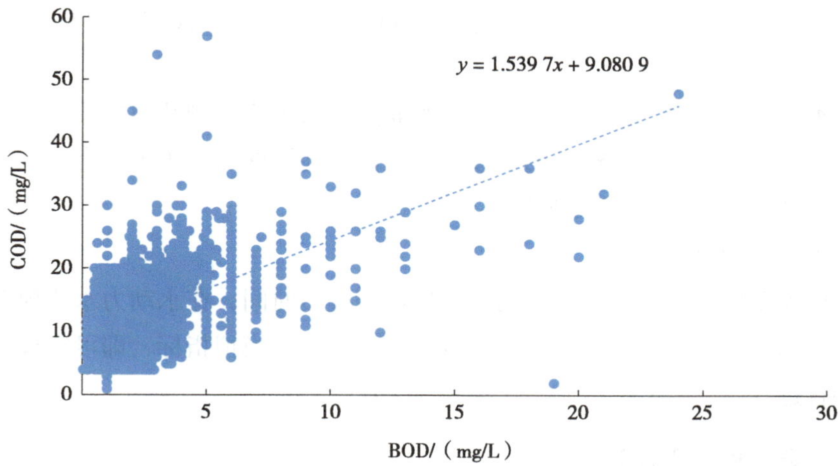

图 3-16 湟水流域水质监测数据中 BOD 与 COD 的相关关系

3）氨氮

在陆地模型的子流域输出结果 output.sub 中，没有氨氮的产出；在 output.rch 中，有氨氮的计算结果。根据前文流量分析的方法，利用目标河段的 FLOW_IN［rchdy（14,j）］减去该河段上游的河段的 FLOW_OUT［rchdy（14,j_{up}）］，得到流域中包含点源的氨氮汇入量，在此基础上，减去对应点源输入文件 *P.DAT 中的点源输入量，得到氨氮的陆地非点源入汇量。

4）TP

在单独考虑点源汇入的条件下，output.sub 结果中，子流域汇入河段中的 TP 为可溶性磷（SOLP）、无机磷（SEDP）和有机磷（ORGP）之和。

在 output.rch 结果中，利用当前河段的汇入 TP 减去上游河段的输出 TP，即可得到陆面入汇量，该结果中，TP 为可溶性磷与有机磷之和，即河段输入 TP=rchdy（10,j）+rchdy（18,j）；河段上游输出 TP=SUM［rchdy（11,j_{up}）+rchdy（19,j_{up}）］，为 pdvar（44）。

5）TN

在单独考虑点源汇入的条件下，output.sub 中子流域汇入河段中的氮为有机氮（ORGN）和硝氮（NO_3-N）之和。

在 output.rch 中，总氮为氨氮（NH_4）、亚硝氮（NO_2-N）、硝氮（NO_3-N）之和，河道输入 FLOW_IN（TP）=rchdy（8,j）+rchdy（13,j）+rchdy（17,j）+rchdy（15,j），为 pdvar（43）对应的相关值。河段上游输出 FLOW_OUT（TP）=

SUM [rchdy（8,j_{up}）+rchdy（13,j_{up}）+rchdy（17,j_{up}）+rchdy（15,j_{up}）]，为 pdvar（43）。

在本模型中，因为要区别考虑点源和非点源对水质监测断面的贡献率，因此需要采用没有点源的陆地模型的模拟结果。基于前置课题提供了没有加入点源的 output.rch 结果，进行指标的耦合。

（4）时间耦合

陆地模型模拟时间需覆盖水动力水质模型模拟时间，在水动力水质模型模拟时间范围内，从陆地模型模拟结果中选择该范围内的模拟指标，即可完成二者的时间耦合过程。

3.1.3.3 耦合模型入流边界条件

（1）入流边界

湟水河流域的入河来流边界包括湟水河干流及 34 条支流的源头水来流，共计 35 个河段的源头水入河边界条件（Headwater）。源头水入流流量和水质浓度依据陆域模型模拟结果给定。以湟水干流为例，湟水河干流源头水河段编号为 J_34，采用 SWAT 模型模拟的 8 号水文单元的产流量与 TN、TP 指标产污负荷量结果作为入河边界条件，如图 3-17～图 3-19 所示。

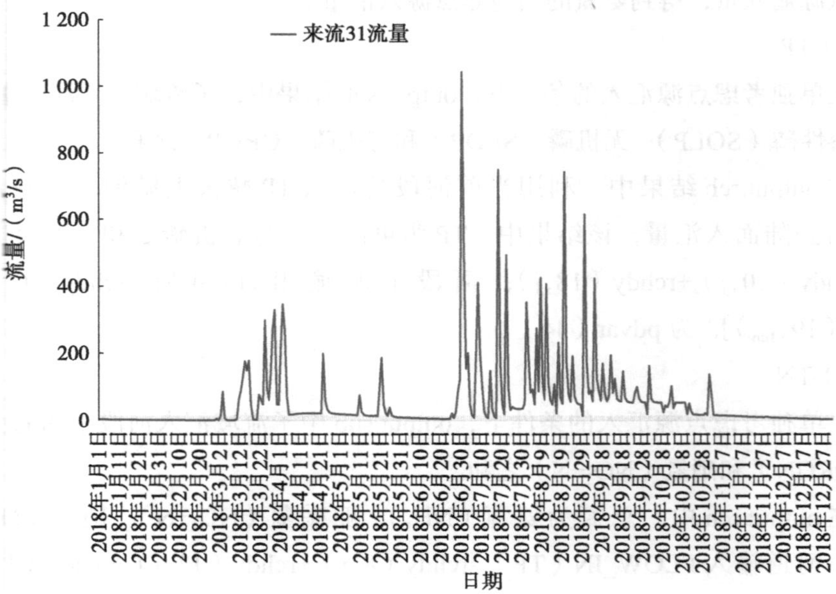

图 3-17　湟水干流入口流量入汇过程

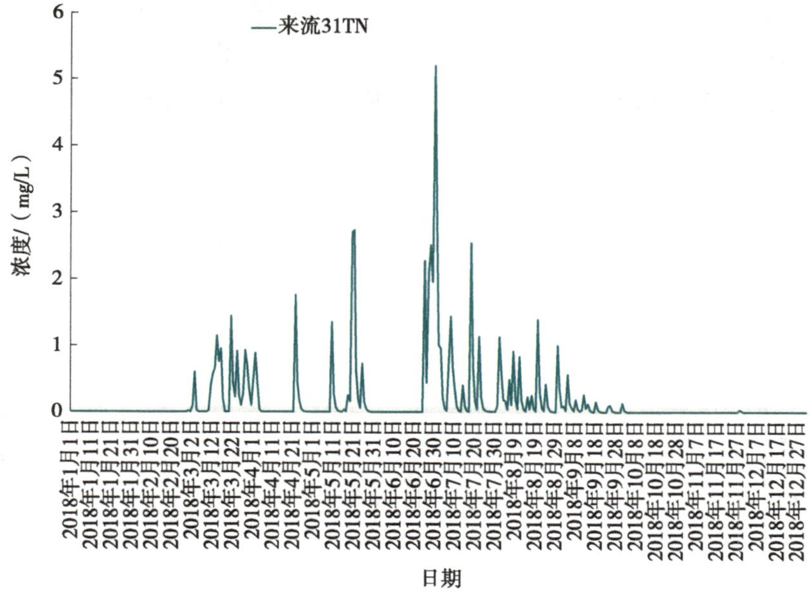

图 3-18　湟水干流入口 TN 入汇过程

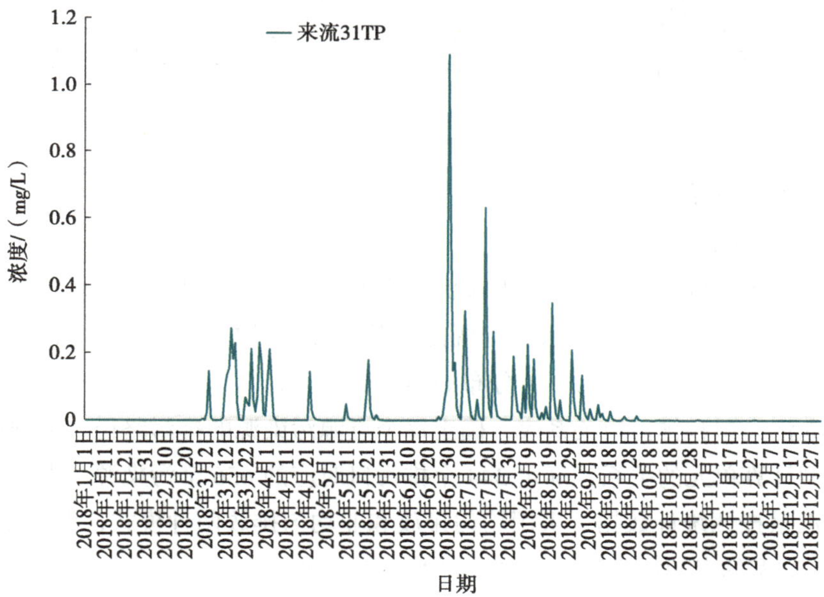

图 3-19　湟水干流入口 TP 入汇过程

（2）出流边界

湟水流域的出流边界为湟水下游出口，计算过程中所在河段编号为 J_2510，终点高程为 1 610 m。选用湟水和水文站实测流量水位作为下游出口条件。模型模拟条件为 2015—2019 年逐日监测数据，典型年 2018 年，该站点的流量、水位过程如图 3-20 所示。

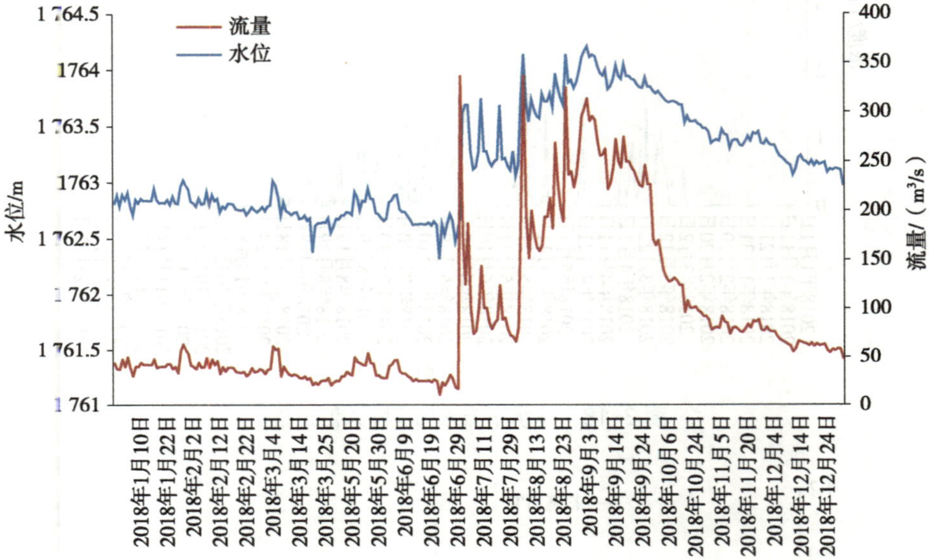

图 3-20　出流流量、水位边界

（3）入汇边界

1）点源入汇

根据调研资料得到的排污口匹配流域点源污染源，同时将不能很好匹配的点源，根据遥感影像和空间关系进行概化，得到实际调查排污口 88 个、概化排污口 256 个，共计 344 个排污口，分布如图 3-21 所示。

建立污染源和排污口关系表，确定每个点源污染源的排污路径。根据点源和河网模型计算单元的关系，确定 344 个排污口对应的 656 个污染源。点源入汇污染物入汇量按照统计数据，采用均匀排放和非均匀排放两种模式，汇入水体中。3 种不同类型的点源污染物入汇总量如表 3-4 所示。

图 3-21 湟水流域陆域排污口分布

表 3-4 点源入汇排放量汇总

类型	COD/（t/a）	TN/（t/a）	TP/（t/a）	NH_4/（t/a）
工业企业	3 424.89	245.25	4.05	265.95
污水处理厂	20 039.48	589.24	97.92	68.18
规模化畜禽养殖场	4 345.4	444.4	63.2	357.8

2）非点源入汇

湟水流域陆地模型非点源通过子流域入汇河网，根据前置课题研究成果，依据空间耦合关系，在入汇非点源入口处设置节点，按照非点源模式入汇河网模型中。确定 26 个计算单元向对应的河段进行非点源汇入。按照计算单元内河段的数量，根据河段长度关系，将 26 个计算单元的非点源计算结果分配到对应的河段中。

3.2 湟水流域污染源解析与清单构建

3.2.1 流域源清单污染贡献解析方法

3.2.1.1 污染源贡献率的概念

污染源贡献率包含3层含义，一是流域中污染源的排放贡献率，即各个污染源排放的污染物负荷占该地区水体总污染负荷的百分比。二是污染源入河贡献率，为污染源经排放后在地表迁移、转化进入水体的污染负荷占入河总污染负荷的百分比。污染源排放贡献率和入河贡献率，可以归纳为一类即解析污染源总量的贡献率。三是各类污染源对水质断面的贡献率大小，指污染源提供给水质断面的污染物占水质断面污染物总量的百分比。总体来看，污染源贡献率是一个有关占比的概念，对其进行合理的估算尤为重要，而科学、可靠的估算方法是污染源贡献率研究的核心与关键。污染源贡献率研究是有针对性地实施流域污染治理及细化流域减排政策的重要依据，影响水质的污染源类型复杂，包括点源、非点源等，不同流域的主要污染源不同，同一流域不同时间的主要污染源也不同，学者们提出了大量研究方法。根据贡献率的概念，可以将贡献率分为入河排放占比贡献率、污染源对水质断面影响贡献率两个内容。本研究基于湟水流域精细化管理的需求，开展贡献率计算方法的研究。

在上述贡献率计算方法之外，国内外还有其他不同的方法开展贡献率的计算。综合来看，可分为污染源总量贡献率和污染源对水质断面的污染源贡献率，不同方法的比较如表3-5所示。

表3-5 不同贡献率计算方法与比较

	类型	主要方法	计算方式	优点	局限性
污染源总量贡献率	经验模型	输出系数法、排污系数法	代入公式得到污染源排放负荷，除以总污染负荷为贡献率	①计算过程简单；②对实测数据要求不高；③适用区域广泛	忽略降雨、地形、水文过程等影响因子，缺乏时间动态性
		入河系数法	污染源排放量乘以入河系数得到入河量，除以负荷排放总量为贡献率		

续表

	类型	主要方法	计算方式	优点	局限性
污染源总量贡献率	陆源机理模型	GWLF 模型、PLOAD 模型、SWAT 模型	情景模拟法	①考虑水文过程；②模拟精度更高；③适用区域广泛；④区分时空条件	①输入数据、参数需求量大；②机理复杂
	水质监测	监测法	基于监测数据及辅助方法分离污染源，确定贡献率	便于点源贡献率的计算	①计算繁琐复杂；②难以确定具体面源的贡献率
水质断面污染源贡献率	受体模型	多元统计模型、化学质量平衡模型	数据降维，识别污染源，因子得分为贡献率；模拟污染源解析成分谱，代入模型求得污染源贡献率	从水质断面处采样分析，直观可靠	①数据要求大；②难以确定具体类型污染源的贡献率
	水体水质模型	QUAL2K 模型、SPARROW 模型、EFDC 模型 - 源解析技术	情景模拟法 通量占比法 方程优化法	①考虑水文水质过程；②计算结果较准确；③明确不同时空下的各污染源贡献率；④灵活性强，通用性高，应用范围广	①机理复杂；②输入数据、参数要求高

综合分析上述各方法，本研究选用占比法进行流域污染源排放量贡献率研究，并选择基于化学质量平衡法和数值模型耦合的贡献率核算方法进行水质断面污染贡献率的分析。

3.2.1.2 基于占比法的污染源排放与入河贡献率计算方法

污染源排放和入河贡献率通常是通过调查统计不同污染源的排放量及其入河量，以各污染源排放量除以总排放量得到不同污染源占比为污染源的排放贡献率。在污染源排放量计算过程中，可以将污染源分为点源和非点源，贡献率相关计算流程如图 3-22 所示。

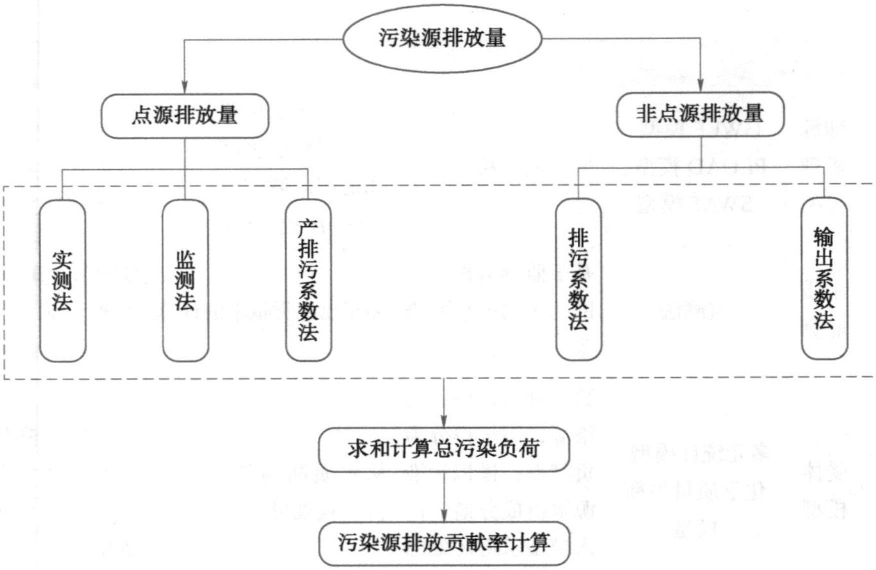

图 3-22　污染源排放贡献率计算流程

根据上述流程，基于占比法进行贡献率计算，公式为

$$cp=\frac{\sum_{i=1}^{k}ms_i}{\sum_{i=1}^{n}ts_i}$$

式中：ms_i 为某一个种类的第 i 个源的污染物入汇总量，ts_i 为所有污染源第 i 个源污染物入汇总量。在污染源排放贡献率中，主要包括不同控制单元、不同行政区的点源、非点源排放贡献率以及不同种类的非点源和点源贡献率。

对于点源与非点源对不同控制单元、不同行政区的污染贡献率：在核算所有计算单元的污染物负荷量的基础上，基于行政区、控制单元与计算单元空间关系，核算每个行政区、每个控制单元的点源、非点源负荷量及其占比，确定点源与非点源对不同控制单元、不同行政区的污染贡献率。

对于不同点源对不同控制单元、不同行政区的污染贡献率，利用比例法分别求取畜禽养殖、农村生活、种植业、水产养殖等不同类型的非点源，以及规模化畜禽养殖、污水处理厂、工业源等不同类型的点源在不同行政区、不同控制单元的排放量，核算不同类型污染源的比例，求取其污染贡献率。

3.2.2 全流域污染物入河贡献率

3.2.2.1 不同污染源入河贡献率

（1）全年贡献率

从污染来源类型角度分析，COD 和 TP 入河量主要来源均是规模化畜禽养殖，贡献率分别为 63.88% 和 43.83%。对于 TN 来说，主要污染产生于规模化畜禽养殖（33.88%），其次是污水处理厂（26.83%），城市生活和工业企业造成的 TN 入河量相差不大。对氨氮入河量贡献率最大的是污水处理厂（32.98%）和城市生活（30.12%），湟水流域内各类点源和非点源对 COD、氨氮、TN 和 TP 等污染物的全年贡献率如图 3-23 所示。

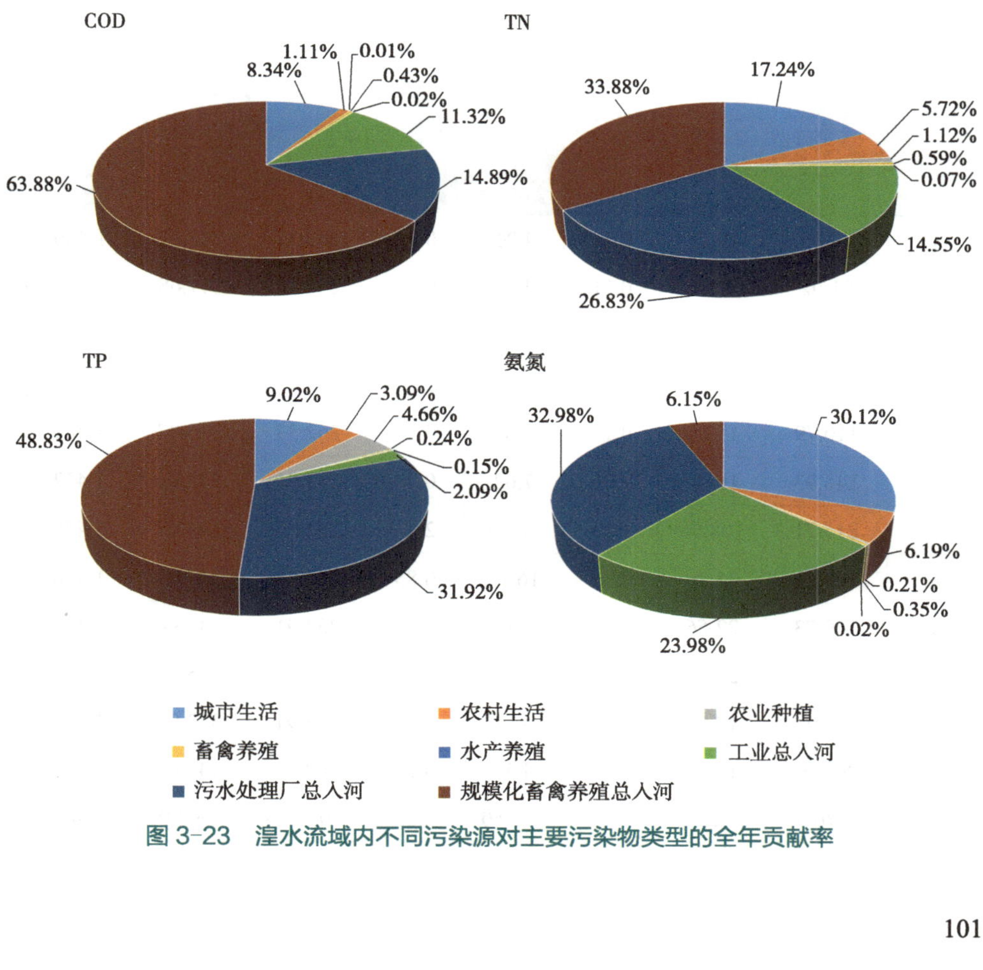

图 3-23 湟水流域内不同污染源对主要污染物类型的全年贡献率

（2）不同月份贡献率

1）COD 指标

湟水流域内不同污染源 1—12 月 COD 入河量结果如表 3-6 所示。由表可以看出，在一年当中，城镇生活、农村生活、农业种植、畜禽养殖和水产养殖这 5 类非点源的 COD 入河量呈先增后减的趋势，而工业点源、污水处理厂和规模化养殖这 3 类点源的 COD 入河量随着月份增长而保持稳定。图 3-24 为各月份内不同污染源对 COD 入河的贡献占比，明显看出，规模化畜禽养殖是所有月份中 COD 的主要污染来源，其贡献占比随着月份增长呈先减后增的趋势，在 7 月为最小值（48.42%）。污水处理厂和工业企业在每个月份中对 COD 入河量波动相对较小，其贡献量之和大约在 27%。城镇生活对 COD 的入河贡献比在除了 7 月、8 月的其他月份中相对较小，但是其大小呈先增后减的趋势，在 7 月达到峰值，并且在 7 月城镇生活转变成了 COD 入河的第二大污染源（26.67%）。

表 3-6　湟水流域内不同污染源 1—12 月 COD 负荷入河量　　单位：t

月份	COD 不同污染源负荷入河量							
	城镇生活	农村生活	农业种植	畜禽养殖	水产养殖	工业点源	污水处理厂	规模化畜禽养殖
1	79.95	10.75	0.11	4.21	0.22	262.37	345.07	1 480.73
2	81.02	10.47	0.11	4.06	0.21	236.98	311.68	1 337.43
3	94.17	12.53	0.13	4.92	0.26	262.37	345.07	1 480.73
4	133.74	17.80	0.19	6.94	0.37	253.91	333.94	1 432.96
5	110.79	15.00	0.16	5.88	0.31	262.37	345.07	1 480.73
6	146.93	19.44	0.20	7.62	0.40	253.91	333.94	1 432.96
7	815.71	108.56	1.13	42.53	2.23	262.37	345.07	1 480.73
8	308.21	41.20	0.43	16.12	0.85	262.37	345.07	1 480.73
9	169.73	22.56	0.23	8.85	0.47	253.91	333.94	1 432.96
10	172.42	22.97	0.24	8.99	0.47	262.37	345.07	1 480.73
11	80.56	10.55	0.11	4.11	0.22	253.91	333.94	1 432.96
12	83.11	10.99	0.11	4.30	0.23	262.37	345.07	1 480.73
合计	2 276.32	302.83	3.14	118.50	6.25	3 089.25	4 062.95	17 434.35

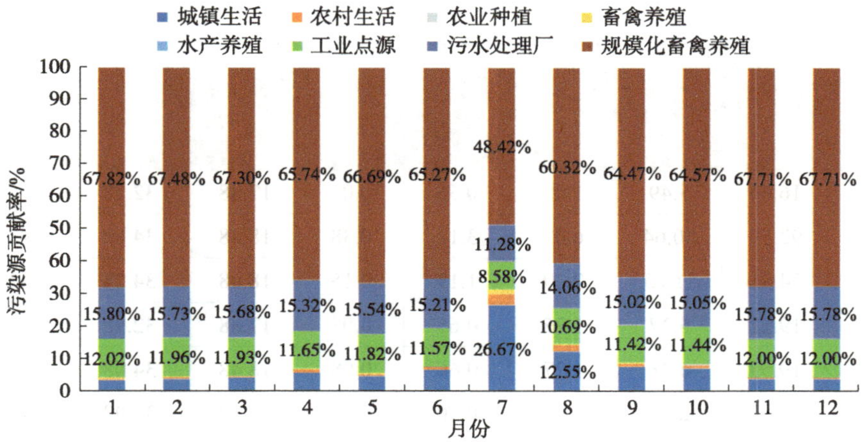

图 3-24 湟水流域内不同污染源 1—12 月 COD 入河量贡献率

2）TN 指标

湟水流域内不同污染源 1—12 月 TN 入河量结果如表 3-7 所示。与 COD 入河量相似，城镇生活、农村生活、农业种植、畜禽养殖和水产养殖的 TN 入河量呈先增后减的趋势，在 7 月达到最大值，分别为 92.39 t、30.64 t、6.03 t、3.14 t 和 0.38 t，而各类点源逐月 TN 入河量基本稳定。图 3-25 为各月份不同污染源对 TN 入河的贡献占比，由图可见，规模化畜禽养殖是所有月份中（除 7 月）TN 的最大污染源，其贡献占比随着月份增长呈先减后增趋势，在 7 月为最小值（18.86%）。污水处理厂是 TN 入河的第二大污染源，同样，其负荷贡献占比呈先减后增趋势，在 7 月骤减到 14.94%。城镇生活对 TN 的入河贡献呈先增后减趋势，在 7 月急剧增加到 40.49%，是当月流域内 TN 的首要污染来源。

表 3-7 湟水流域内不同污染源 1—12 月 TN 入河量　　单位：t

月份	TN 不同污染源负荷入河量							
	城镇生活	农村生活	农业种植	畜禽养殖	水产养殖	工业点源	污水处理厂	规模化畜禽养殖
1	9.06	3.03	0.60	0.31	0.04	18.48	34.08	43.04
2	9.18	2.95	0.58	0.30	0.04	16.69	30.78	38.87
3	10.67	3.54	0.69	0.36	0.04	18.48	34.08	43.04
4	15.15	5.03	0.99	0.51	0.06	17.88	32.98	41.65
5	12.55	4.23	0.83	0.43	0.05	18.48	34.08	43.04

续表

月份	TN 不同污染源负荷入河量							
	城镇生活	农村生活	农业种植	畜禽养殖	水产养殖	工业点源	污水处理厂	规模化畜禽养殖
6	16.64	5.49	1.08	0.56	0.07	17.88	32.98	41.65
7	92.39	30.64	6.03	3.14	0.38	18.48	34.08	43.04
8	34.91	11.63	2.29	1.19	0.15	18.48	34.08	43.04
9	19.22	6.37	1.25	0.65	0.08	17.88	32.98	41.65
10	19.53	6.48	1.27	0.66	0.08	18.48	34.08	43.04
11	9.12	2.98	0.59	0.30	0.04	17.88	32.98	41.65
12	9.41	3.10	0.61	0.32	0.04	18.48	34.08	43.04
合计	257.83	85.47	16.81	8.75	1.07	217.54	401.29	506.75

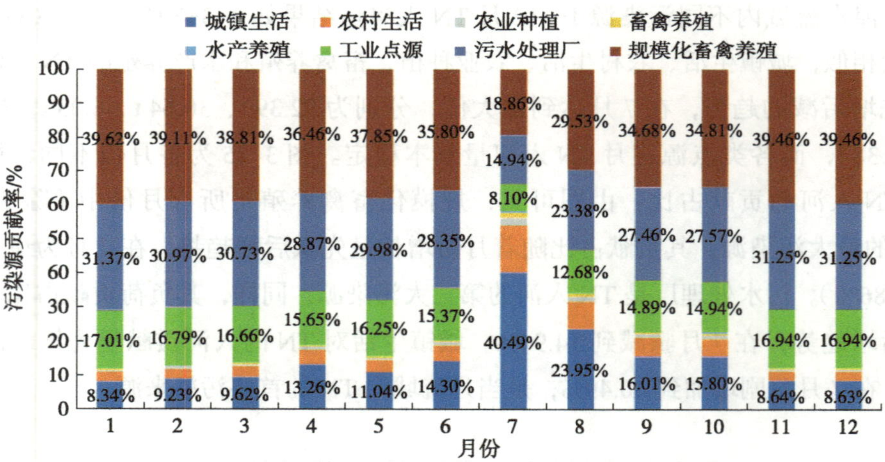

图 3-25　湟水流域内不同污染源 1—12 月 TN 入河量贡献率

3）TP 指标

湟水流域内不同污染源 1—12 月 TP 入河量结果如表 3-8 所示。同样，非点源的 TN 入河量呈现出先增后减的趋势，在 7 月增加到最大值，其中，城镇生活、农村生活、农业种植、畜禽养殖、水产养殖等各类非点源 7 月负荷排放量分别有 5.51 t、1.88 t、2.85 t、0.15 t 和 0.09 t，而工业企业、污水处理厂和规模化畜禽养殖等主要点源的 TP 入河量随着月份增长基本保持稳定。图 3-26 为各月份内不同污染源对 TP 入河的贡献占比。由图可见，规模化畜禽养殖是所有月

表 3-8 湟水流域内不同污染源 1—12 月 TP 入河量 单位：t

月份	TP 不同污染源入河量							
	城镇生活	农村生活	农业种植	畜禽养殖	水产养殖	工业点源	污水处理厂	规模化畜禽养殖
1	0.54	0.19	0.28	0.01	0.01	0.30	4.62	7.07
2	0.55	0.18	0.27	0.01	0.01	0.27	4.17	6.38
3	0.64	0.22	0.33	0.02	0.01	0.30	4.62	7.07
4	0.90	0.31	0.47	0.02	0.01	0.29	4.47	6.84
5	0.75	0.26	0.39	0.02	0.01	0.30	4.62	7.07
6	0.99	0.34	0.51	0.03	0.02	0.29	4.47	6.84
7	5.51	1.88	2.85	0.15	0.09	0.30	4.62	7.07
8	2.08	0.72	1.08	0.06	0.03	0.30	4.62	7.07
9	1.15	0.39	0.59	0.03	0.02	0.29	4.47	6.84
10	1.16	0.40	0.60	0.03	0.02	0.30	4.62	7.07
11	0.54	0.18	0.27	0.01	0.01	0.29	4.47	6.84
12	0.56	0.19	0.29	0.01	0.01	0.30	4.62	7.07
合计	15.37	5.26	7.94	0.41	0.25	3.56	54.42	83.23

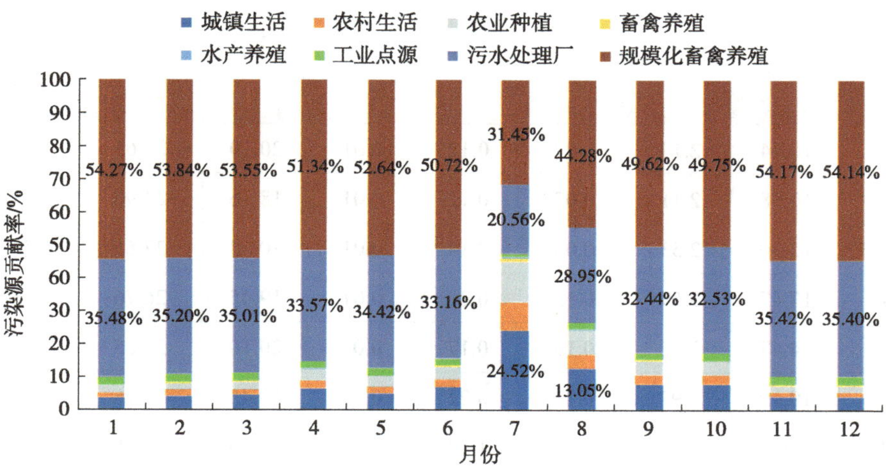

图 3-26 湟水流域内不同污染源 1—12 月 TP 入河量贡献率

份中 TP 的首要污染源，其贡献占比随着月份增长呈现出先减后增形式，在 1 月最大（54.27%），在 7 月为最小值（31.45%）；污水处理厂是所有月份（除 7 月）

中 TP 入河的第二大污染源，同样，其贡献占比呈现出先减后增形式，在 7 月减为 20.56%；城镇生活对 TP 的入河贡献呈现出先增后减形式，在 7 月急剧增加到 24.52%，成为当月 TN 的第二污染来源。

4）氨氮指标

湟水流域内不同污染源 1—12 月氨氮入河量结果如表 3-9 所示。城镇生活、农村生活、农业种植、畜禽养殖和水产养殖的氨氮入河量在 7 月急剧增加并达到全年最大值，分别为 106.55 t、21.89 t、0.75 t、1.24 t 和 0.08 t，工业企业、污水处理厂和规模化畜禽养殖的氨氮入河量随着月份增长基本保持稳定。从各月份污染源贡献率角度来看（图 3-27），污水处理厂是所有月份（除 7 月、8 月）中氨氮入河负荷的最大污染源，其贡献占比随着月份增长呈先减后增趋势（1—7 月递减、8—12 月递增），在 1 月最大（42.08%），在 7 月急剧下降为 15.08%。工业点源贡献占比遵循相同规律（先减后增），在 1—6 月、11 月和 12 月当中为氨氮入河量的第二大污染源，其他月份为第三大污染源，7 月占比降至 10.96%。城镇生活对氨氮的入河贡献呈先增后减趋势，在 7 月急剧增加到 58.09%，成为当月氨氮的主要污染来源，在 8 月、9 月和 10 月是氨氮入河的第二大污染源。

表 3-9　湟水流域内不同污染源 1—12 月氨氮入河量　　单位：t

月份	氨氮不同污染源入河量							
	城镇生活	农村生活	农业种植	畜禽养殖	水产养殖	工业点源	污水处理厂	规模化畜禽养殖
1	10.44	2.17	0.07	0.12	0.01	20.10	27.65	5.15
2	10.58	2.11	0.07	0.12	0.01	18.16	24.98	4.65
3	12.30	2.53	0.08	0.14	0.01	20.10	27.65	5.15
4	17.47	3.59	0.12	0.20	0.01	19.45	26.76	4.99
5	14.47	3.02	0.10	0.17	0.01	20.10	27.65	5.15
6	19.19	3.92	0.13	0.22	0.01	19.45	26.76	4.99
7	106.55	21.89	0.75	1.24	0.08	20.10	27.65	5.15
8	40.26	8.31	0.28	0.47	0.03	20.10	27.65	5.15
9	22.17	4.55	0.15	0.26	0.02	19.45	26.76	4.99
10	22.52	4.63	0.16	0.26	0.02	20.10	27.65	5.15

续表

月份	氨氮不同污染源入河量							
	城镇生活	农村生活	农业种植	畜禽养殖	水产养殖	工业点源	污水处理厂	规模化畜禽养殖
11	10.52	2.13	0.07	0.12	0.01	19.45	26.76	4.99
12	10.86	2.22	0.07	0.12	0.01	20.10	27.65	5.15
合计	297.33	61.07	2.08	3.45	0.22	236.70	325.60	60.68

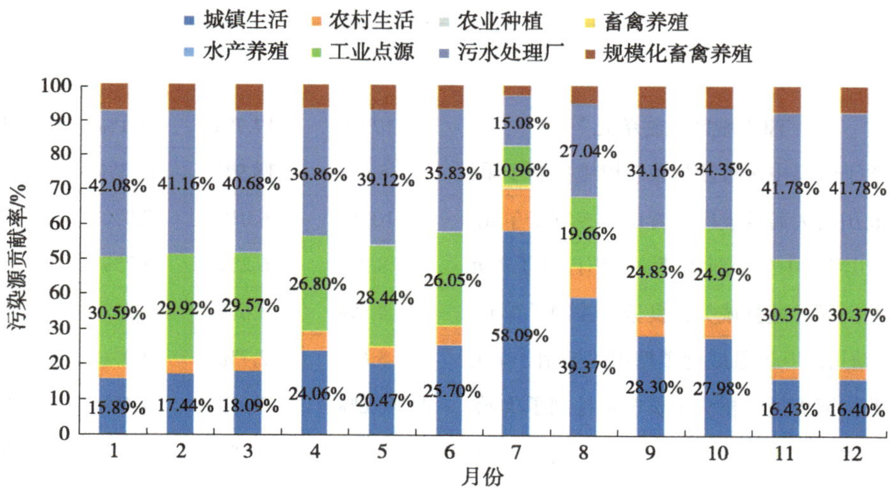

图 3-27 湟水流域内不同污染源 1—12 月氨氮入河量贡献率

3.2.2.2 不同控制单元全年入河贡献率

湟水流域各控制子单元对四项污染物全年入河贡献率如表 3-10 所示。湟水流域划分的全部 30 个控制子单元中，湟水城区涉及的 4 个控制子单元的污染物入河量贡献率最大，除 TN 外（合计占比 17.7%），其余三项污染物的贡献率均为第一，合计占流域总负荷量的比例分别为 COD17.8%、TP21.1%、氨氮 51.5%。其余各控制子单元中，湟水干流湟中区鲁沙尔镇多巴镇控制子单元是流域内污染物入河量贡献率第二大的控制单元，其 TN 贡献率占流域的 18.9%，TP 贡献率占流域的 13.8%，COD、氨氮负荷贡献率稍低，分别占流域 COD6.4% 和氨氮 6.5%；再次为北川河大通县宝库乡青山乡控制子单元、南川河湟中区上新庄镇总寨镇控制子单元。其中，北川河大通县宝库乡青山乡控制子单元COD、氨氮、总氮和总磷负荷贡献率分别占流域的10.90%、2.00%、6.00%和7.00%；南川河湟中区上新庄镇总寨镇控制子单元COD、氨氮、总氮和总磷负荷贡献率分别占流域的8.20%、5.20%、6.20%、5.70%。北川河大通县城关镇良教乡控制子单元、沙塘川河互助县威远镇塘川镇控制子单元、北川河大通县桥头镇长宁镇控制子单元、隆治沟民和县古鄯镇隆治乡控制子单元等单元对主要污染物负荷的贡献也较大。

表3-10 湟水流域各控制子单元对四项污染物全年入河贡献率

控制断面名称	COD入河量贡献率	TN入河量贡献率	TP入河量贡献率	氨氮入河量贡献率
湟水城区控制单元*	17.8%	17.7%	21.1%	51.5%
湟水干流湟中区鲁沙尔镇多巴镇控制子单元	6.4%	18.9%	13.8%	6.5%
北川河大通县宝库乡青山乡控制子单元	10.9%	6.0%	7.0%	2.0%
南川河湟中区上新庄镇总寨镇控制子单元	8.2%	6.2%	5.7%	5.2%
北川河大通县城关镇良教乡控制子单元	4.8%	3.6%	5.2%	5.9%
沙塘川河互助县威远镇塘川镇控制子单元	5.6%	2.7%	2.9%	7.1%
北川河大通县桥头镇长宁镇控制子单元	6.6%	3.6%	4.4%	1.0%
隆治沟民和县古鄯镇隆治乡控制子单元	3.8%	5.7%	2.7%	3.3%
小南川河湟中区土门关乡田家寨镇控制子单元	5.4%	3.1%	5.3%	0.9%
祁家川平安区石灰窑乡三合镇控制子单元	3.7%	2.9%	3.9%	1.0%
湟水干流湟源县城关镇东峡乡控制子单元	1.8%	6.7%	1.5%	0.6%
拉拉河湟源县大华镇控制子单元	4.1%	2.2%	3.4%	0.5%
白沈沟平安区古城乡平安镇控制子单元	1.8%	4.0%	2.6%	1.3%
湟水干流湟源县巴燕乡申中乡控制子单元	3.6%	2.2%	2.4%	1.2%
湟水干流海晏县甘子河乡金滩乡控制子单元	1.8%	2.3%	2.0%	2.3%
西纳川河湟中区上五庄镇拦隆口镇控制子单元	2.3%	2.0%	2.5%	1.1%
药水河湟源县日月藏族乡和平乡控制子单元	2.8%	1.7%	2.0%	0.6%
湟水干流乐都区高店镇碾伯镇控制子单元	1.4%	1.0%	3.0%	1.0%
湟水干流民和县松树乡川口镇控制子单元	1.4%	1.4%	2.2%	0.9%
林川河互助县林川乡台子乡控制子单元	1.6%	1.3%	1.2%	1.0%

续表

控制断面名称	COD 入河量贡献率	TN 入河量贡献率	TP 入河量贡献率	氨氮入河量贡献率
柏木峡河大通县向化藏族乡朔北藏族乡控制子单元	1.7%	1.1%	1.4%	0.4%
哈拉直沟互助县丹麻镇哈拉直沟乡控制子单元	0.6%	1.0%	1.1%	1.1%
松树沟民和县峡门镇新民乡控制子单元	0.5%	0.9%	1.0%	1.1%
下水磨沟乐都区李家乡马营乡控制子单元	0.3%	0.7%	0.4%	1.1%
岗子沟乐都区瞿昙镇控制子单元	0.3%	0.6%	0.5%	0.8%
西纳川河海晏县哈勒景蒙古族乡控制子单元	0.5%	0.5%	0.5%	0.3%
湟水干流乐都区高庙镇洪水镇控制子单元	0.2%	0.3%	0.3%	0.3%

* 湟水城区控制单元包括湟水干流西宁城北区控制子单元、湟水干流西宁城东区控制子单元、湟水干流西宁城西区控制子单元、湟水干流西宁城中区控制子单元等 4 个控制子单元。

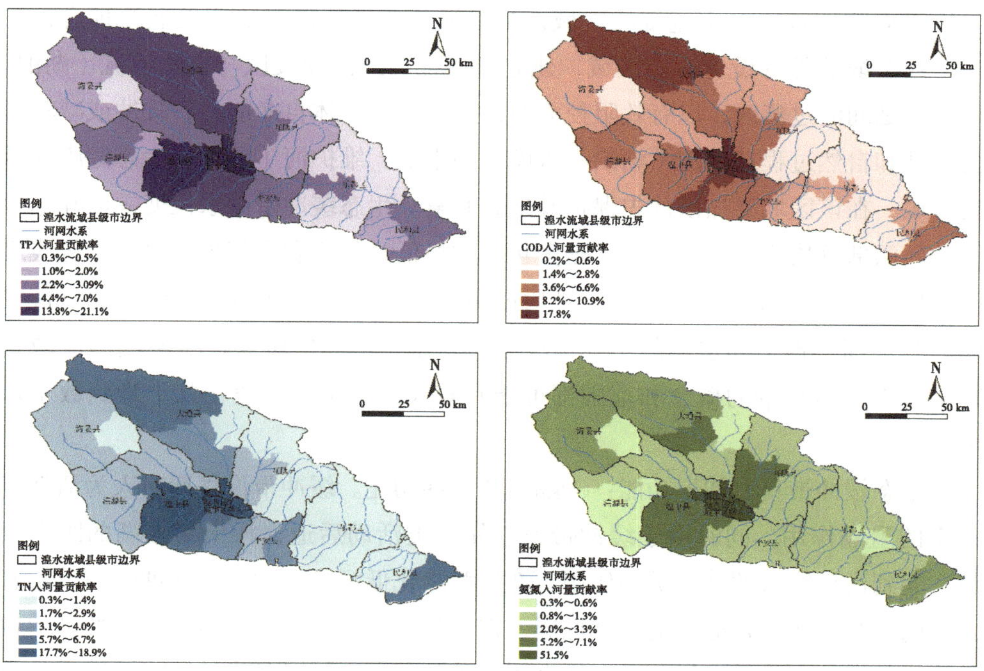

图 3-28　湟水流域各控制子单元对 4 项污染物全年入河贡献率

第4章
“系统保护”——湟水干流生态缓冲带划定与保护修复技术研究

4.1 生态缓冲带基本概念

生态缓冲带为设立在河流（湖库）外围的保护带，是河（湖）滨陆向辐射带上边界向陆域扩展一定宽度的区域，是以绿色流域建设和协调发展为理念，在河（湖）滨的外围设立一定区域，建立流域社会经济发展区与自然河流（湖泊、水库）之间的过渡区，以有效阻控面源污染、提升水体自净能力，缓冲或减轻人类活动和自然过程对河流（湖泊、水库）的干扰，维护河（湖）水生态健康的重要区域，在该区域要加以优先保护及生态修复。生态缓冲带由水位变幅区和陆域缓冲区两部分构成。水位变幅区是多年平均最低水位线和多年平均最高水位线之间的区域；陆域缓冲区是由多年平均最高水位线向陆域延伸一定范围的岸带空间。其范围根据不同水体的实际情况有所差别，不同的国家甚至不同的流域管理中，生态缓冲带的概念和范围都可能有较大的差别，一般在几十米到数千米之间。

生态缓冲带具有如下功能：①隔离和缓冲功能。缓冲带设立后对人为活动有一定的阻隔作用，同时由于缓冲带设立使人类活动后退，污染物入湖的距离变长，起到污染物入湖前的缓冲作用。②拦截净化低污染水功能。缓冲带内生长着大量的植被，尤其是灌草类，其低矮、密实的特性可以有效截留通过缓冲带的各类污染物，如有机质、氮、磷、重金属和各种离子，同时各类植物根系能有效吸附和转化通过缓冲带的营养物质，减少入湖营养负荷。因此，缓冲带是控制面源污染尤其是低污染水的一道重要防线。③调节地表径流功能。缓冲带内丰富的植被，可降低地表径流的速度，增强面源补水的下渗。④保护物种多样性。缓冲带邻近湖滨带，植被类型多样，是重要的物种基因库之一，也是各种动物及鸟类的栖息地和避难所。⑤固岸护坡作用。缓冲带对稳定湖泊水体岸坡，减少土壤侵蚀有明显作用，缓冲带内植物可以固持土壤、减少暴雨径流的冲刷等。⑥景观功能。缓冲带使沿岸带生态景观得到美化，与水体形成完整的景观体系，是湖泊滨岸区域的一道自然风景线。⑦经济功能。缓冲带内生长着较多有经济价值的植物种类，在其承受能力内，可以为人类提供木材、水果、药材等植物产品，产生一定的经济效益。

根据河岸带土地利用方式的不同，河流生态缓冲带可分为堤防型生态缓冲带、林草型生态缓冲带、山体型生态缓冲带、城镇型生态缓冲带、村落型生态缓冲带等不同典型类型。

1）堤防型生态缓冲带：堤防型生态缓冲带定义为具有防洪堤且堤坝高于河岸带陆域区域的河岸带。堤防具有防洪功能，一般短期内无法去除大堤、恢复原有地形地貌。具有完善堤防的河段，由于防洪堤阻隔，河流几乎不受陆上区域面源污染直接影响。

2）林草型生态缓冲带：林草型生态缓冲带（植被良好型岸带）是以河道最低水位线为基线，河岸两侧或单侧一定范围内土地利用类型为天然林地、草地、自然湿地等植被良好的河岸带。

3）山体型生态缓冲带：山体（岩石）型生态缓冲带定义为，河岸两侧或单侧山体或自然存在的大片天然岩石区的河岸带。

4）城镇型生态缓冲带：城镇型生态缓冲带定义为以河道最低水位线为基线，河岸两侧或单侧一定范围内土地利用类型为商服用地、工矿仓储用地、城镇住宅用地、公共管理与公共服务用地或其他建设用地的河岸带。城镇型生态缓冲带包括现状没有防洪堤，或虽建设有防洪堤，但堤坝低于河岸带陆域区域的干流城镇型河段，生态缓冲带设置以提供河流生态空间为主，减少生产、生活活动对河流的负面影响。

5）村落型生态缓冲带：村落型生态缓冲带定义为以河道最低水位线为基线，河岸两侧或单侧一定范围内土地利用类型为农村住宅用地的河岸带。对于排水系统完善的村落型河段，面源污染主要通过排水系统入河，该河段生态缓冲带设置以提供河流生态空间为主，降低生产、生活活动对河流的负面影响。

4.2 生态缓冲带现状问题调查方法

4.2.1 调查内容

从湟水河岸带周边生产生活干扰、河岸带生态空间挤占、生境条件破坏等方面进行问题诊断与分析，为河流生态缓冲带划定与生态修复提供依据。调查范围为初步划定的河流生态缓冲带范围以内，可根据需要适当进一步扩展，但以不超过湟水干流最低水位线为基线，河岸 1 000 m 范围内。生态缓冲带水生态、水资源和水环境等“三水”问题调查内容包括：

（1）水生态问题

1）调查农业种植、畜禽养殖、产业发展是否挤占河岸带生态空间；

2）调查河岸带是否存在不合理的河岸硬化或渠化，导致河流水生态系统退化；

3）调查河岸带是否存在土质疏松且缺少植被覆盖，水土流失较严重的区域；

4）调查河岸带生物状态分析，明确是否存在河岸带植被物种单一、生物栖息地保护不足、生境遭到破坏或退化导致生物多样性降低；

5）调查生态修复工程实施情况（如水源涵养林建设、天然草地恢复、天然湿地保护修复、人工湿地建设、河道生态修复等）。

（2）水资源问题

1）调查河段是否存在生态流量不足、因水利工程建设造成河段脱水断流；

2）调查河段生态基流保障措施落实情况（包括水电站生态基流工程实施情况、生态基流监测情况）。

（3）水环境问题

1）调查河段是否存在河流断面水质超标、水功能区不达标或河流水质退化问题。

2）调查河段是否存在尚未完成整治的入河排污口。

3）调查河段是否存在点、面源污染物未经处理直接排放入河问题，具体包括：截污工程不完善，城市污水溢流入河；城市雨污水不分流，雨污水混流入河；沿湟灌区农田农业面源处理设施欠缺，农田退水直接入河；沿河农村生活污水未经处理直接排放入河；生活垃圾、建筑垃圾沿河道堆放；其他问题。

4.2.2 调查方式

湟水生态缓冲带“三水”问题调查方法包括遥感解译法、现场踏勘法、访谈调查法、文献调查法等。

表 4-1 生态缓冲带“三水”问题调查方法优、缺点

调查方法	优点	缺点
遥感解译法	监测范围大，可覆盖全流域，获取的信息量大，获取资料的速度快	遥感数据获取、解译较复杂，成本较高，需要多种专业人员的配合才能实现
现场踏勘法	获得最直接的、生动的感性认识和真实可靠的第一手资料	受调查者主观因素影响较大，难以深入地了解问题
访谈调查法	适用于调查的问题比较深入，能获得更多、更有价值的信息，工作效率高，可以较快地了解到比较详细、可靠的信息，节省人力和时间	选择具有较高水平的被调查者难度大，且受时间条件的限制，受周围环境影响大
文献调查法	能突破时空的限制，进行大范围的调查便于汇总整理和分析；获得资料可靠，可用较小的人力、物力收到较大效果等	资料时效性往往不足

4.2.3 湟水干流岸带自然要素

4.2.3.1 岸带地形坡度

ALOS 12.5 m DEM 数据是 ALOS 卫星相控阵型 L 波段合成孔径雷达采集的高程数据，高程数据水平及垂直精度可达 12.5 m。研究基于收集到的湟水流域 ALOS 12.5 m DEM 数据，进一步提取湟水干流两岸 500 m 范围内地形坡度，并进行现场踏勘核实，将坡度等级划分为平原（0°～0.5°，1%）、微斜坡（0.5°～2°，1%～3.5%）、缓斜坡（2°～5°，3.5%～9%）、斜坡（5°～15°，9%～30%）、陡坡（＞15°，＞30%）。

湟水干流周边主要地形为微斜坡、缓斜坡和斜坡，平原、陡坡面积较少。其中，平原土地面积 30.4 km^2，占总面积的 10.1%；微斜坡土地面积 79.6 km^2，占总面积的 26.5%；缓斜坡土地面积 85.2 km^2，占总面积的 28.4%；斜坡土地面积

61.1 km^2，占总面积的20.3%；陡坡土地面积43.9 km^2，占总面积的14.6%，见图4-1和图4-2。

各区（县）中，海晏县、湟源县、湟中区、乐都区、互助县、民和县地形基本为斜坡，特别是湟源县、民和县地形坡度大于其他区（县）；西宁城区和平安区主要地形为缓斜坡。流域内地形为陡坡的主要集中在海晏县青海湖乡、甘子河乡、金滩乡，湟源县东峡乡，乐都区洪水镇，民和县松树乡、川口镇、马场垣乡等乡镇。

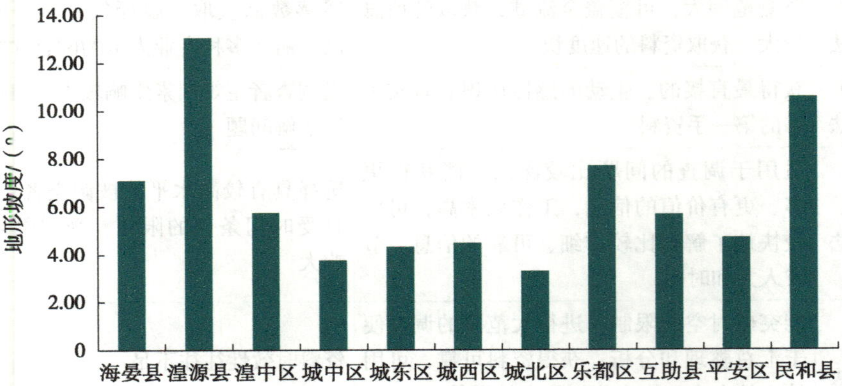

图4-1　湟水干流沿程各区（县）岸带地形坡度

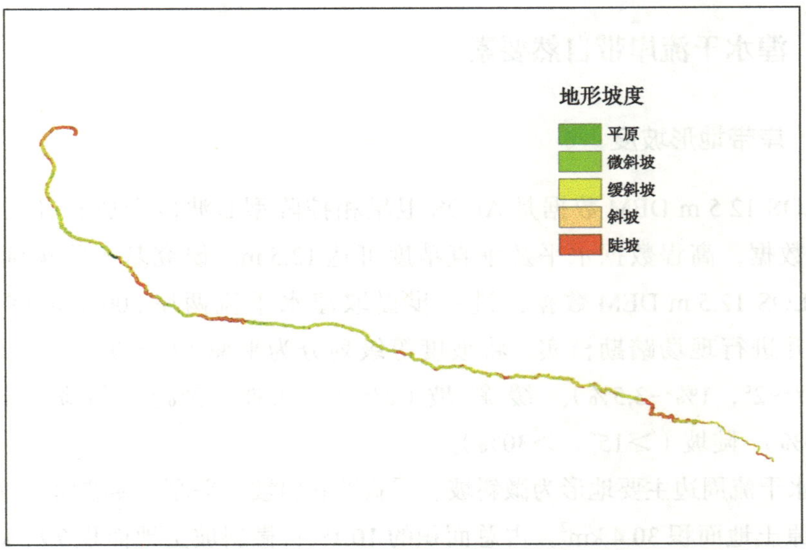

图4-2　湟水干流周边500 m范围内地形坡度

4.2.3.2　岸带植被

根据中国科学院西北高原生物研究所开展的湟水流域植物区系研究结果，流域植物区系兼具温性、寒温和高寒类型特征。流域共有野生种子植物 83 科 400 属 1 234 种（1 155 种和 79 个种下类型）。其中，裸子植物 3 科 5 属 12 种；单子叶植物 12 科 84 属 258 种；双子叶植物 68 科 311 属 964 种。从植物的生活型来讲，木本植物较少，一年生草本植物亦较少，绝大多数为多年生草本植物，见表 4-2。

表 4-2　湟水流域主要植被名录

科名	种	属
禾本科 Gramineae	154	46
菊科 Compositae	139	44
蔷薇科 Rosaceae	101	27
豆科 Leguminosae	85	17
毛茛科 Ranunculaceae	74	21
玄参科 Scrophulariaceae	48	10
龙胆科 Gentianaceae	33	8
十字花科 Cruciferae	31	21
莎草科 Cyperaceae	31	5
石竹科 Caryophyllaceae	30	13
杨柳科 Salicaceae	29	2
蓼科 Polygonaceae	28	4
虎耳草科 Saxifragaceae	26	6
伞形科 Umbelliferae	26	15
百合科 Liliaceae	25	9
唇形科 Lamiaceae	25	16
紫草科 Boraginaceae	24	10
兰科 Orchidaceae	22	15

湟水干流周边植被（非农作物）覆盖及优势植物种类与群落特征是：

1）森林植被：主要分布在海拔 2 600～3 000 m 水热条件相对较好的山地

中部阴坡、半阴坡等以青海云杉为主的寒温性常绿针叶林；分布在海拔 2 000～2 700 m 的少量青杆和海拔 1 700～2 100 m 处的油松等为主的寒温性常绿针叶林；分布在干旱的山地阳坡海拔 1 900～3 400 m 的以祁连圆柏为主的暖温性常绿针叶林；分布在海拔 1 800～3 200 m 的山地中部阴坡、半阴坡的杨、白桦和少量红桦为主的落叶阔叶林和混交林。

2）温性落叶灌丛：分布于中部山地海拔 2 500 m 以下黄土丘陵阳坡的锦鸡儿；分布在海拔 3 000～3 300 m 山地阳坡和河谷两岸的直穗小檗；分布在海拔 2 400～2 800 m 阳山坡的矮锦鸡儿；分布在海拔 2 000～3 250 m 河漫滩地带的沙棘。

3）高寒灌丛植被：分布于水分条件良好的山地中、上部海拔 2 800～4 000 m 半阴、半阳坡和部分滩地的金露梅，阴坡和半阴坡的山生柳以及高山绣线菊、鬼箭锦鸡儿、窄叶鲜卑花等为主的高寒落叶灌丛；分布于海拔 2 800～3 600 m 的山地阴坡、半阴坡的青海杜鹃、头花杜鹃、百里香杜鹃等为建群种的常绿革质叶高寒落叶灌丛。

4）温性草原植被：分布于海拔 1 800～2 800 m 的黄土丘陵干旱地带的短花针茅、长芒草、西北针茅、芨芨草、针茅、白羊草、冷蒿、铁杆蒿等为建群种的温性草原植被。

5）草甸植被：分布于海拔 3 100～3 800 m 局部阳坡地段的矮生嵩草、小嵩草等分别为建群种的高寒草甸植被以及河谷和山地杂类草草甸植被。

4.2.4 湟水干流岸带利用情况

4.2.4.1 岸线利用

根据 2020 年青海省水利厅开展的湟水干流岸线利用现状调查结果，湟水岸线总长 632.80 km，其中河段自然岸线长度为 399.00 km，占总岸线的 63.05%（表 4-3）；各类涉河建筑物共 778 处，占用岸线总长 233.8 km，占总岸线的 36.95%。其中，堤防护岸工程占用岸线 102 处，共占用 211.03 km，占总岸线的 33.35%；桥梁工程占用岸线 449 处，共占用 13.44 km，占总岸线的 2.12%；水库工程占用岸线 1 处，共占用 2.31 km，占总岸线的 0.37%；水闸工程占用岸线 40 处，共占用 0.499 km，占总岸线的 0.08%；取水口工程占用岸线 43 处，共占用 0.70 km，占总岸线的 0.11%；铁路桥工程占用岸线 32 处，共占用 0.469 km，占总岸线的 0.07%；道路工程占用岸线 12 处，共占用 0.635 km，占总岸线的 0.10%；排水口工程占用岸线 26 处，共占用 0.136 km，占总岸线的 0.02%；渠道工程占用岸线 2 处，共占用 0.515 km，占总岸线的 0.08%；房屋工程占用岸线 11 处，共占用 0.954 km，占总岸线的 0.15%；水电站工程占用岸线 22 处，共占用 0.998 km，占总岸线的 0.16%；过河管线工程占用岸线 6 处，共占用 0.027 km，占总岸线的 0.01%；耕地占用岸线 2 处，共占用 0.443 km，占总岸线的 0.07%；旅游设施工程占用岸线 28 处，共占用 0.161 km，占总岸线的 0.02%；涵洞涵管占用岸线 3 处，共占用 0.023 km，占总岸线的 0.01%。

表 4-3 湟水干流现状岸线利用结构

岸线类型		岸线长度 /km	占比 /%
自然岸线		399.00	63.05
人工岸线	堤防护岸工程	211.03	33.35
	桥梁工程	13.44	2.12
	水库工程	2.31	0.37
	水电站工程	0.998	0.16
	房屋工程	0.954	0.15
	水闸工程	0.499	0.08
	取水口工程	0.70	0.11
	道路工程	0.635	0.10
	渠道工程	0.515	0.08
	铁路桥工程	0.469	0.07
	耕地	0.443	0.07
	其他涉河工程	1.8	0.29

4.2.4.2 岸带土地利用

采用 2020 年高分辨率卫星遥感数据解译结果，依据《土地利用现状分类》（GB/T 21010），分析湟水干流周边土地利用情况，湟水干流周边 600 m 范围内土地利用类型以草地为主，面积为 11 093 hm^2，占总面积的 32.4%；其次为各类城乡、交通等建设用地，面积为 10 158 hm^2，占总面积的 29.7%；再次为耕地、林地，面积分别为 7 528 hm²、4 900 hm²，分别占总面积的 22.0%、14.3%；裸土地、沼泽地等其他未利用地面积共 535 hm²，占总面积的 1.6%。干流周边 1 000 m 范围内，共有草地面积 19 302 hm²，占总面积的 33.9%；各类建设用地面积为 16 388 hm²，占总面积的 28.8%；再次为耕地、林地，总面积分别为 11 598 hm²、8 515 hm²，分别占总面积的 20.4%、15.0%；裸土地、沼泽地等其他未利用地面积共 1 085 hm²，占总面积的 1.9%（表 4-4）。

表 4-4　湟水干流岸带现状土地利用结构

土地利用类型	1 000 m 范围		600 m 范围	
	面积 /hm²	占比 /%	面积 /hm²	占比 /%
耕地	11 598	20.4	7 528	22.0
林地	8 515	15.0	4 900	14.3
草地	19 302	33.9	11 093	32.4
建设用地	16 388	28.8	10 158	29.7
裸土地	799	1.4	326	1.0
沼泽地	286	0.5	209	0.6

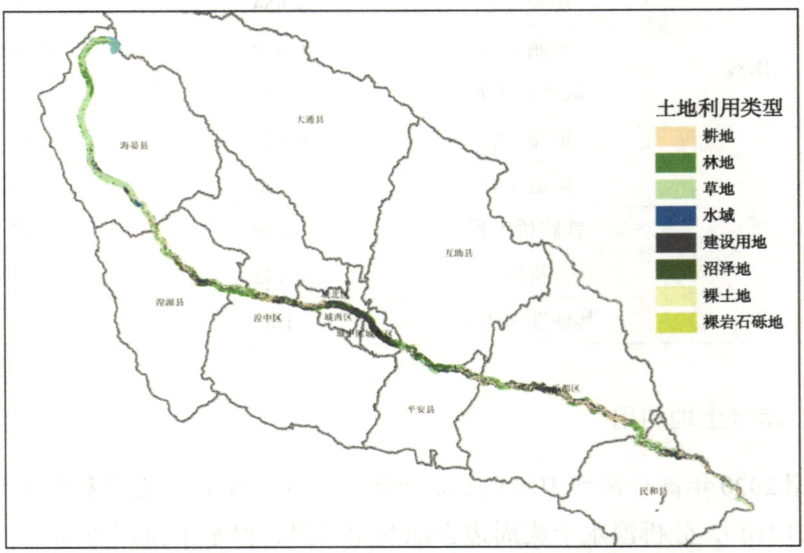

图 4-3　湟水干流周边 600 m 范围内土地利用现状

从各类土地利用类型的分布情况来看，湟水干流源区、上游区（海北州海晏县段）周边以草地、林地为主，中游（西宁市湟源县、湟中区及西宁城区段）主要为建设用地、林地及部分耕地，下游（海东市互助县、平安区、乐都区、民和县段）主要为耕地、建设用地及部分草地。

4.2.5 湟水河道岸带保护管理要求

4.2.5.1 湟水河道管理范围与管理要求

（1）河道管理范围

河湖岸线是河流、湖泊自然生态空间的重要组成部分。岸线的有效保护和合理利用对沿岸地区生态文明建设和经济社会发展具有重要的作用。

按照青海省人民政府办公厅《关于印发青海省河湖及水利工程管理与保护范围划定工作方案的通知》（青政办〔2019〕80 号）的要求，2019 年 6 月以来，青海省水利厅组织开展了湟水河道管理与保护范围划定工作。同年 12 月，青海省水利厅、青海省生态环境厅正式公布了《关于湟水及隆务河河道管理范围的通告》。

根据《关于湟水及隆务河河道管理范围的通告》，湟水的河道管理范围为：有堤防的河道，其管理范围为两岸堤防之间的水域、沙洲、滩地（包括可耕地）、行洪区、两岸堤防及护堤地。西宁城区段护堤地从堤防背水侧堤脚线向外 20 m，其余河段护堤地从堤防背水侧堤脚线向外 10 m。无堤防的河道，其管理范围为历史最高洪水位或者设计洪水位［西宁城区段重现期 100 年，市（州）、区（县）政府所在城镇河段重现期为 30 年，其余河段重现期为 20 年］之间的水域、沙洲、滩地（包括可耕地）及行洪区。

（2）河道管理要求

根据《关于湟水及隆务河河道管理范围的通告》，湟水河道范围的具体管理要求是：

1）湟水河河道管理范围内进行：①采砂、取土、淘金、弃置砂石或者淤泥；②爆破、钻探、挖筑鱼塘；③在河道滩地存放物料、修建厂房或者其他建筑设施；④在河道滩地开采地下资源及进行考古发掘等活动，必须报经省级水行政主管部门批准；涉及其他部门的，由省级水行政主管部门会同有关部门批准。

2）修建开发水利、防治水害、整治河道的各类工程和跨河、穿河、穿堤、临河的桥梁、码头、道路、渡口、管道、缆线等建筑物及设施，在国家基本水文测站上下游建设影响水文监测的工程，建设单位应按照审批权限报经水利部黄河水利委员会或省级水行政主管部门办理洪水影响评价类审批。应急抢险救灾等涉河建设项目，依照《中华人民共和国突发事件应对法》《自然灾害救助条例》等法律法规的规定实施，并报省级水行政主管部门备案。

3）在湟水河河道管理范围内，禁止：①修建围堤、阻水渠道、阻水道路，种植高秆农作物、芦苇、杞柳、荻柴和树木（堤防防护林除外），设置拦河渔具，弃置矿渣、石渣、煤灰、泥土、垃圾等；②堆放、倾倒、掩埋、排放污染水体的物体，清洗装贮过油类或者有毒污染物的车辆、容器，以及《中华人民共和国水污染防治法》禁止的其他行为；③未经科学论证和省级以上人民政府批准，围垦河流；④在堤防和护堤地建房、放牧、开渠、打井、挖窖、葬坟、晒粮、存放物料、开采地下资源、进行考古发掘以及开展集市贸易等活动。

4.2.5.2 湟水干流岸线保护与利用要求

（1）岸线功能区划定

根据青海省人民政府办公厅2020年印发实施的《青海省省级责任河（湖）岸线保护与利用规划》，湟水干流规划岸线总长632.80 km，共划分37个功能区，其中保留区10个，岸线长274.20 km，占规划岸线长度的43.33%；控制利用区6个，岸线长64.80 km，占规划岸线长度的10.24%；开发利用区21个，岸线长293.80 km，占规划岸线长度的46.43%（表4-5）。

表4-5 湟水干流岸线功能区划定情况

岸线功能区	功能区划分情况
岸线保留区	1. 0+000～42+100左岸地处海晏县洪呼日尼哈—喇学寺，该段规划期内暂无开发利用需求，根据划分原则，该段划分为岸线保留区，其二级分类为无开发需求岸线保留分区； 2. 75+350～87+800左岸地处海晏县上哈勒乌苏—托落图口子，该段规划期内暂无开发利用需求，根据划分原则，该段划分为岸线保留区，其二级分类为无开发需求岸线保留分区； 3. 87+800～94+080左岸地处湟源县托落图口子—巴燕村，该段规划期内暂无开发利用需求，根据划分原则，该段划分为岸线保留区，其二级分类为无开发需求岸线保留分区；

续表

岸线功能区	功能区划分情况
岸线保留区	4. 158+350～183+420 左岸地处西宁市汉庄村—杨家湾村，该段区域位于西宁湟水国家湿地公园生态敏感区，但未纳入生态保护红线范围内，根据划分原则，该段划为岸线保留区，其二级分类区为生态与自然岸线保留分区； 5. 219+150～268+850 左岸地处乐都区柳树湾村—晁马家村，该段区域位于大地湾湿地公园生态敏感区，但未纳入生态保护红线范围内，根据划分原则，该段划为岸线保留区，其二级分类区为生态与自然岸线保留分区； 6. 0+000～42+100 右岸地处海晏县洪呼日尼哈—喇学寺，该段规划期内暂无开发利用需求，根据划分原则，该段划分为岸线保留区，其二级分类为无开发需求岸线保留分区； 7. 75+360～87+950 右岸地处海晏县清水—托落图口子，该段规划期内暂无开发利用需求，根据划分原则，该段划分为岸线保留区，其二级分类为无开发需求岸线保留分区； 8. 87+900～94+050 右岸地处湟源县托落图口子—下槽槽村，该段规划期内暂无开发利用需求，根据划分原则，该段划分为岸线保留区，其二级分类为无开发需求岸线保留分区； 9. 158+400～183+350 右岸地处西宁市汉庄村—杨家湾村，该段区域位于西宁湟水国家湿地公园生态敏感区，但未纳入生态保护红线范围内，根据划分原则，该段划为岸线保留区，其二级分类区为生态与自然岸线保留分区； 10. 219+050～268+800 右岸地处乐都区柳树湾村—下窑洞，该段区域位于大地湾湿地公园生态敏感区，但未纳入生态保护红线范围内，根据划分原则，该段划分为岸线保留区，其二级分类区为生态与自然岸线保留分区
岸线控制利用区	1. 119+100～131+950 左岸地处湟源县石崖庄村—石板沟村，该段岸线开发利用程度相对较高，为避免进一步开发可能对防洪安全、河势稳定、供水安全、航道稳定等带来不利影响，需要控制或减少其开发利用强度，根据划分原则，该段划分为岸线控制利用区，其二级分类区为限制开发岸线控制利用分区； 2. 268+850～275+520 左岸地处乐都区晁马家村—南大山，该段岸线开发利用程度相对较高，为避免进一步开发可能对防洪安全、河势稳定、供水安全、航道稳定等带来不利影响，需要控制或减少其开发利用强度，根据划分原则，该段划分为岸线控制利用区，其二级分类区为限制开发岸线控制利用分区； 3. 275+520～287+150 左岸地处民和县南大山—钟家村，该段岸线开发利用程度相对较高，为避免进一步开发可能对防洪安全、河势稳定、供水安全、航道稳定等带来不利影响，需要控制或减少其开发利用强度，根据划分原则，该段划分为岸线控制利用区，其二级分类区为限制开发岸线控制利用分区； 4. 119+100～131+970 右岸地处湟源县阿哈吊村—石板沟村，该段岸线开发利用程度相对较高，为避免进一步开发可能对防洪安全、河势稳定、供水安全、航道稳定等带来不利影响，需要控制或减少其开发利用强度，根据划分原则，该段划分为岸线控制利用区，其二级分类区为限制开发岸线控制利用分区；

续表

岸线功能区	功能区划分情况
岸线控制利用区	5. 268+800～275+510 右岸地处乐都区下窑洞—五湾村，该段岸线开发利用程度相对较高，为避免进一步开发可能对防洪安全、河势稳定、供水安全、航道稳定等带来不利影响，需要控制或减少其开发利用强度，根据划分原则，该段划分为岸线控制利用区，其二级分类区为限制开发岸线控制利用分区； 6. 275+510～287+130 右岸地处民和县五湾村—刘家村，该段岸线开发利用程度相对较高，为避免进一步开发可能对防洪安全、河势稳定、供水安全、航道稳定等带来不利影响，需要控制或减少其开发利用强度，根据划分原则，该段划分为岸线控制利用区，其二级分类区为限制开发岸线控制利用分区
岸线开发利用区	1. 42+000～75+350 左岸地处海晏县喇学寺—上哈勒乌苏，该段河势基本稳定，岸线利用条件较好，岸线开发利用对防洪安全、河势稳定、供水安全及生态环境的影响较小，县城发展对岸线开发有一定需求，根据划分原则，该段划分为岸线开发利用区； 2. 94+080～119+100 左岸地处湟源县巴燕村—石崖庄村，该段河势基本稳定，岸线利用条件较好，岸线开发利用对防洪安全、河势稳定、供水安全及生态环境的影响较小，县城发展对岸线开发有一定需求，根据划分原则，该段划分为岸线开发利用区； 3. 131+950～148+670 左岸地处湟中区石板沟村—巴浪村，该段河势基本稳定，岸线利用条件较好，岸线开发利用对防洪安全、河势稳定、供水安全及生态环境的影响较小，县城发展对岸线开发有一定需求，根据划分原则，该段划分为岸线开发利用区； 4. 148+670～158+350 左岸地处西宁市巴浪村—汉庄村，该段河势基本稳定，岸线利用条件较好，岸线开发利用对防洪安全、河势稳定、供水安全及生态环境的影响较小，城市发展对岸线开发有一定需求，根据划分原则，该段划分为岸线开发利用区； 5. 183+420～185+460 左岸地处西宁市杨家湾村—小峡，该段河势基本稳定，岸线利用条件较好，岸线开发利用对防洪安全、河势稳定、供水安全及生态环境的影响较小，城市发展对岸线开发有一定需求，根据划分原则，该段划分为岸线开发利用区； 6. 185+460～187+260 左岸地处平安区小峡—马营台，该段河势基本稳定，岸线利用条件较好，岸线开发利用对防洪安全、河势稳定、供水安全及生态环境的影响较小，城市发展对岸线开发有一定需求，根据划分原则，该段划分为岸线开发利用区； 7. 187+260～195+950 左岸地处互助县马营台—高寨镇，该段河势基本稳定，岸线利用条件较好，岸线开发利用对防洪安全、河势稳定、供水安全及生态环境的影响较小，县城发展对岸线开发有一定需求，根据划分原则，该段划分为岸线开发利用区；

续表

岸线功能区	功能区划分情况
岸线开发利用区	8. 195+950～213+920 左岸地处平安区高寨镇—古城崖村，该段河势基本稳定，岸线利用条件较好，岸线开发利用对防洪安全、河势稳定、供水安全及生态环境的影响较小，城市发展对岸线开发有一定需求，根据划分原则，该段划分为岸线开发利用区； 9. 213+920～219+150 左岸地处乐都区东头村—柳树湾村，该段河势基本稳定，岸线利用条件较好，岸线开发利用对防洪安全、河势稳定、供水安全及生态环境的影响较小，城市发展对岸线开发有一定需求，根据划分原则，该段划分为岸线开发利用区； 10. 287+150～295+420 左岸地处民和县钟家村—旱堂村，该段河势基本稳定，岸线利用条件较好，岸线开发利用对防洪安全、河势稳定、供水安全及生态环境的影响较小，县城发展对岸线开发有一定需求，根据划分原则，该段划分为岸线开发利用区； 11. 42+100～75+360 右岸地处海晏县喇学寺—清水，该段河势基本稳定，岸线利用条件较好，岸线开发利用对防洪安全、河势稳定、供水安全及生态环境的影响较小，县城发展对岸线开发有一定需求，根据划分原则，该段划分为岸线开发利用区； 12. 94+050～119+100 右岸地处湟源县下槽槽村—阿哈吊村，该段河势基本稳定，岸线利用条件较好，岸线开发利用对防洪安全、河势稳定、供水安全及生态环境的影响较小，县城发展对岸线开发有一定需求，根据划分原则，该段划分为岸线开发利用区； 13. 131+970～148+780 右岸地处湟中区石板沟村—韦家庄村，该段河势基本稳定，岸线利用条件较好，岸线开发利用对防洪安全、河势稳定、供水安全及生态环境的影响较小，县城发展对岸线开发有一定需求，根据划分原则，该段划分为岸线开发利用区； 14. 148+780～158+400 右岸地处西宁市韦家庄村—汉庄村，该段河势基本稳定，岸线利用条件较好，岸线开发利用对防洪安全、河势稳定、供水安全及生态环境的影响较小，城市发展对岸线开发有一定需求，根据划分原则，该段划分为岸线开发利用区； 15. 183+350～185+480 右岸地处西宁市杨家湾村—汉庄村，该段河势基本稳定，岸线利用条件较好，岸线开发利用对防洪安全、河势稳定、供水安全及生态环境的影响较小，城市发展对岸线开发有一定需求，根据划分原则，该段划分为岸线开发利用区； 16. 185+480～187+320 右岸地处西宁市杨家湾村—汉庄村，该段河势基本稳定，岸线利用条件较好，岸线开发利用对防洪安全、河势稳定、供水安全及生态环境的影响较小，城市发展对岸线开发有一定需求，根据划分原则，该段划分为岸线开发利用区；

续表

岸线功能区	功能区划分情况
岸线开发利用区	17. 187+320～195+750 右岸地处互助县王家庄村，该段河势基本稳定，岸线利用条件较好，岸线开发利用对防洪安全、河势稳定、供水安全及生态环境的影响较小，县城发展对岸线开发有一定需求，根据划分原则，该段划分为岸线开发利用区； 18. 195+750～202+700 右岸地处平安区王家庄村—石家营村，该段河势基本稳定，岸线利用条件较好，岸线开发利用对防洪安全、河势稳定、供水安全及生态环境的影响较小，城市发展对岸线开发有一定需求，根据划分原则，该段划分为岸线开发利用区； 19. 202+700～213+890 右岸地处平安区石家营村—东庄村，该段河势基本稳定，岸线利用条件较好，岸线开发利用对防洪安全、河势稳定、供水安全及生态环境的影响较小，城市发展对岸线开发有一定需求，根据划分原则，该段划分为岸线开发利用区； 20. 213+890～219+050 右岸地处乐都区东庄村—柳树湾村，该段河势基本稳定，岸线利用条件较好，岸线开发利用对防洪安全、河势稳定、供水安全及生态环境的影响较小，城市发展对岸线开发有一定需求，根据划分原则，该段划分为岸线开发利用区； 21. 287+130～320+691 右岸地处民和县刘家村—下川口村，该段河势基本稳定，岸线利用条件较好，岸线开发利用对防洪安全、河势稳定、供水安全及生态环境的影响较小，县城发展对岸线开发有一定需求，根据划分原则，该段划分为岸线开发利用区

（2）岸线功能区管控要求

根据《青海省省级责任河（湖）岸线保护与利用规划》，岸线保留区、岸线控制利用区、岸线开发利用区等不同岸线功能区的管控要求具体如下：

1）岸线保留区

岸线保留区的管理应十分重视是否具备岸线开发利用条件及对水环境的影响等。在规划期内不宜实施岸线利用建设项目。确需在规划的防洪保留区、重要水源地等特定保护要求的岸线保留区内建设的国家重点项目，应符合相关规划，并提出技术论证方案，经相关主管部门同意后方可实施；确需在因河势演变剧烈而划定的岸线保留区内建设的国家重点项目应进行专题研究论证，提出防洪治理与河势控制方案，经水行政主管部门同意后方可实施。

①河势变化岸线保留分区。一般情况下河势变化剧烈及山区河道有山体滑坡、崩岸、泥石流等自然灾害的河段，禁止进行开荒、破坏植被等造成水土流失和开山采石、采矿等危及山体稳定的活动，如特别需要等特殊原因必须进行的活动需进行充分论证和相关专业论证。

②生态与自然岸线保留分区。依据《湿地保护管理规定》《国家级森林公园管理办法》《中华人民共和国自然保护区条例》《国家湿地公园管理办法》《青海省湿地公园管理办法》和国家有关法律法规及岸线分区确定的原则管理：

a. 湿地区内的岸线除开展保护、监测等必需的保护管理活动外，不得进行与湿地生态系统保护和管理无关的其他活动。在不损害湿地整体生态功能的前提下，可适度开展生态畜牧业、生态旅游和必要的交通等基础设施建设。

b. 森林公园内岸线可适度发展旅游产业，除必要的保护和附属设施外，不得随意占用、征用林地。

c. 地质公园内除适度发展旅游业、生态畜牧业外，严格控制其他生产活动。在地质公园地质遗迹保护区内不得进行采石、取土、开矿、砍伐等对保护对象有损害的活动，未经管理机构批准，不得采集标本和化石。

d. 自然保护区实验区内的岸线在符合自然保护区规划的前提下，适度开展旅游、种植业和畜牧业活动及进行交通、通信、电网等必要的基础设施建设。坚持以人为本、尊重群众意愿，按核心区、缓冲区、实验区顺序逐步转移人口，一部分转移到保护区外，另一部分转为保护区管护人员。

③水资源岸线保留分区。依据《中华人民共和国环境保护法》《中华人民共和国水污染防治法》《饮用水水源保护区污染防治管理规定》及各地饮用水水源保护条例进行管理。在防洪保留区、水资源保护区、供水水源地的岸线应禁止设置排污口，严禁倾倒垃圾、渣土和其他废弃物，禁止设置畜禽养殖场或在水体内放养畜禽。

④生态预留岸线保留分区。该岸线分区管控要求参照岸线保护区管控要求进行管控。

⑤无开发需求岸线保留分区。该岸线分区管控要求参照控制利用区管控要求进行管控。

2）岸线控制利用区

岸线控制利用区内建设的岸线利用项目，应符合相关规划，重视和加强管理，注重岸线利用的指导与控制，以实现岸线的可持续利用。对现状开发利用程度已较高，继续大规模开发利用岸线对防洪安全、河势稳定、水资源保护可能产生影响的岸线控制利用区，必须严格控制新增开发利用项目的数量和类型。对存在较大不利影响的岸线利用项目，应结合实际情况进行必要的调整。

岸线利用项目对防洪安全、河势稳定、河流水生态保护可能造成一定影响的岸线控制利用区，要有针对性地加以控制和引导，要根据流域总体的防洪布局，以及左右岸、上下游不同的防洪形势，严格控制岸线利用项目对防洪的累积效应，对防洪安全和河势稳定产生一定影响的岸线利用项目，建设单位必须提出相应的处理措施，消除其影响或使影响降到最小，并承担必要的防洪、河势稳定影响补偿责任；在以水资源及水生态保护为目标划定的岸线控制利用区内，要严格控制岸线利用项目的类型及利用方式，严禁建设对水资源及水生态保护有影响的排污口、燃气（煤）电厂排水口及灰场等项目。

①限制开发岸线控制利用分区：该岸线分区是为了避免岸线过度开发导致防洪、河势稳定、供水安全等问题。如需对该分区岸线进行开发利用，需做相应的论证，如防洪安全评价、河岸稳定分析评价等，经河道管理部门进行严格审查批复后方可进行相应开发利用，在岸线开发利用过程中需设计相应的监测、监控设计，对该段岸线的原始安全隐患进行观测，并做好相应的应急预案。

②自然、工程限制岸线控制利用分区：在饮用水水源二级保护区内的已建项目，污染物必须达标排放，不能达标排放的，必须限期治理或搬迁，禁止新建、扩建向水体排放污染物的建设项目，禁止设置有害化学物品的仓库或堆栈。

③生态与自然岸线控制利用分区：该岸线分区管控要求参照岸线保护区管控要求进行管控。

3）岸线开发利用区

岸线开发利用区的管理，在符合《中华人民共和国水法》《中华人民共和国防洪法》《中华人民共和国环境保护法》《中华人民共和国航道法》《中华人民共和国河道管理条例》等国家有关法律法规以及相关规划的基础上，协调岸线保护要求和沿河地区经济社会发展的需要，在不影响防洪、河势稳定、水生态环境、航道保护等的情况下，科学合理地开发利用。

岸线范围内，禁止堆放、倾倒、掩埋、排放污染水体的物体。禁止在河道内清洗装贮过油类或者有毒污染物的车辆、容器。

4.3 生态缓冲带划定与定界技术方法

4.3.1 划定方法

4.3.1.1 生态缓冲带类型分段

根据湟水干流河道是否具有堤防将河段划分为堤防型河段和非堤防型河段，非堤防型河段按照河流河岸带土地利用情况，可分为城镇型河段、农田型河段、村落型河段和林草型河段，然后在此基础上开展缓冲带范围划定工作。

河段划分时尽量将同一连续土地利用类型划分为一个河段，同一河段涉及多种土地利用类型的，以区域内占比最高的土地利用类型确定河段及缓冲带类型。缓冲带划定时涉及的最小河段长度不小于 200 m。

4.3.1.2 生态缓冲带水陆边界

河流生态缓冲带包括水位变幅区和陆域缓冲区两部分。水位变幅区是多年平均最低水位线和多年平均最高水位线之间的区域，具体以河道临水边界线为界确定；陆域缓冲区是由多年平均最高水位线向陆域延伸一定宽度范围至陆域边界线。

1）河道临水边界线：通过以下方法确定：①湟水干流河道水位主要是受暴雨洪水影响，所以临水边界线划定为无河堤的以河道 5 年一遇的正常水位线作为临水边界线。有河堤的以河堤迎水面堤顶边线为临水边界线。②依据水文站资料，结合近 20 年遥感数据进行反演判断。本研究选择方法②确定河道临水边界线范围。

2）河流最高水位线：通过以下方法确定：①采用多年实测水位资料确定，优点是容易测量，缺点是在水文站数量较少，上下游高程差较大的情况下，难以准确划定，也难以与实际河道管理相互衔接。②依据河湖管理范围划定。根据《青海省省级责任河（湖）岸线保护与利用规划》，湟水干流有堤防河段，以背水侧堤脚线外 10 m 作为外缘边界线，背水侧堤脚线外 10 m 内有滨河路或其他已建工程，以堤防与已建工程的中线作为外缘边界线；无堤防河段，西宁段以 100 年一遇设计洪水位与岸边的交界线作为外缘边界线；县城段以 30 年一遇设计洪水位与岸边的交界线作为外缘边界线；非县城段以 20 年一遇设计洪水位与岸边的交界线作为外缘边界线。该方法优点是便于与实际河道管理相衔接，缺点是对于无堤防工程河段，划定范围相对较大，但也更有利于发挥缓冲带拦截面源径流污染等生态功能。本次研究选择方法②确定河流最高水位线。

3）陆域边界线：生态缓冲带范围陆域边界的划定充分借用临河道侧的第一重山脊线、原有道路、桥梁和大坝等进行定界。

4.3.1.3 生态缓冲带宽度范围

生态缓冲带宽度具体需考虑水功能区功能定位、河道周边点面源入汇、生态敏感区分布情况、岸带周边土地利用及土壤侵蚀度情况等确定。

一般来说，水功能区划功能定位越高，需要的保护程度就应该越高，也应该具有更宽的缓冲带。同时，流域的土壤类型及土壤侵蚀度直接关系到污染物的迁移扩散速率。土壤侵蚀度越强，污染物迁移速度越快，对河道水质污染越严重，需要的缓冲带宽度也越大；土壤侵蚀度越弱，污染物迁移速度越慢，对湖泊水库污染越小，需要的缓冲带宽度越窄。此外，缓冲带划定应考量有效拦阻各类污染物入汇河道影响水质，受点、面源污染较重、水质较差的河段应设置更宽的缓冲带以有效阻拦污染物入汇。同时，无论何种类型，最宽缓冲带边界都不应超过分水岭山脊线，见表 4-6。

表 4-6 湟水干流不同类型河段生态缓冲带宽度规定

河岸类型	生态缓冲带类型	最小宽度
堤防型河岸	堤防型河岸生态缓冲带	两岸堤防之间的沙洲、滩地、行洪区和堤防及护堤地，以及堤防背水侧护堤地范围
非堤防型河岸	林草型河岸生态缓冲带	≥30 m；沿岸具有天然湿地、水源涵养林、水土保持林的，适当加宽
	岩石型河岸生态缓冲带	≥50 m，但不应超过分水岭山脊线
	城镇型河岸生态缓冲带	①已划定城市蓝线的河段，将蓝线管理范围内区域划为缓冲带；②未划定城市蓝线的河段，但已划分河道管理范围或滨河绿地规划范围的河段，按照河道管理范围或滨河绿地规划范围确定缓冲带范围；③未划定城市蓝线、河道管理范围或滨河绿地规划的城镇型河岸带，缓冲区宽度≥15 m

续表

河岸类型	生态缓冲带类型	最小宽度
非堤防型河岸	村落型河岸生态缓冲带	①结合地方河道管理范围划定；②依据岸带坡度划定，一般河段最小宽度 20～70 m，特殊保护要求河段最小宽度 35～120 m
	农田型河岸生态缓冲带	依据岸带坡度划定，一般河段最小宽度 20～70 m，特殊保护要求河段最小宽度 35～120 m

4.3.2 定界方式

为了便于开展日常环境管理工作，完成湟水干流缓冲带划定技术方案和电子图件后，应立即开展现场定界工作。湟水干流生态缓冲带定界充分利用湟水干流周边永久性的明显标志，如山脊线、饮用水水源地二级保护区的界线、行政区界线、公路、铁路、桥梁、大型建筑物、水工建筑物、河流汊口、航道、输电线、通信线等标识，还应按照顺时针方向确定主要拐点的经纬度坐标，并最终确定湟水干流生态缓冲带坐标红线图、表。

缓冲区定界时，测量精度、记录数据和成果的精度应达到亚米级（误差不小于 1 dm）。湟水干流生态缓冲带划定方案获得批准后，有关地方人民政府应当按照相关技术要求，进一步在缓冲带边界设立界标。

4.3.3 湟水干流生态缓冲带划定结果

4.3.3.1 堤防型生态缓冲带

堤防型生态缓冲带包括湟水河两岸现有硬质或土质堤防，以及堤防之间的滩地、行洪区、堤防背水侧护堤地等。根据堤防与河湖水位关系及可能采取的修复措施，可分为硬质堤防型和土质堤防型。由于防洪堤阻隔，河流不受河岸陆上区域面源污染直接影响。

湟水干流堤防型生态缓冲带主要分布在湟水干流城区段，涉及海晏县三角城（金银滩镇）段，湟源县、湟中区城区段和西宁城区段，海东市平安区、乐都区城区段等。堤防型生态缓冲带总面积为 1.64 km^2，占划定湟水干流生态缓冲带总面积的 4.3%，见图 4-4 和图 4-5。

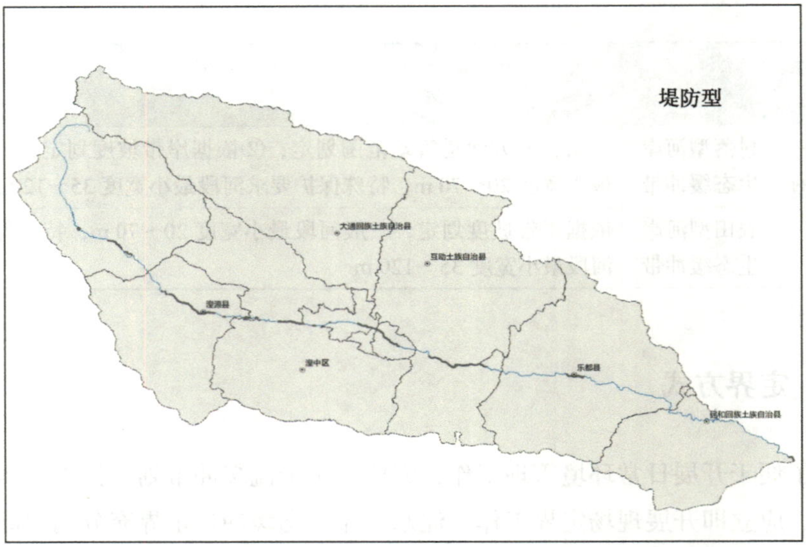

图 4-4 湟水干流堤防型生态缓冲带

图 4-5 湟水干流典型硬质堤防型（左）及土质堤防型（右）岸带

4.3.3.2 林草型生态缓冲带

林草型生态缓冲带是湟水干流周边土地利用类型为天然林地、草地和自然湿地的缓冲带，其主要生态功能为水源涵养、保持水土、保护生物多样性，同时为人类生产生活提供丰富资源。

林草型生态缓冲带是湟水干流生态缓冲带的最主要类型，主要分布在海北州海晏县甘子河乡青海湖乡三角城镇西海镇段、湟源县东峡乡段、互助县高寨镇段、乐都区洪水镇高庙镇马厂镇段、民和县松树乡核桃庄乡川口镇马场乡段，林草型生态缓冲带总面积为 28.51 km^2，占划定湟水干流生态缓冲带总面积的 74.3%，见图 4-6 和图 4-7。

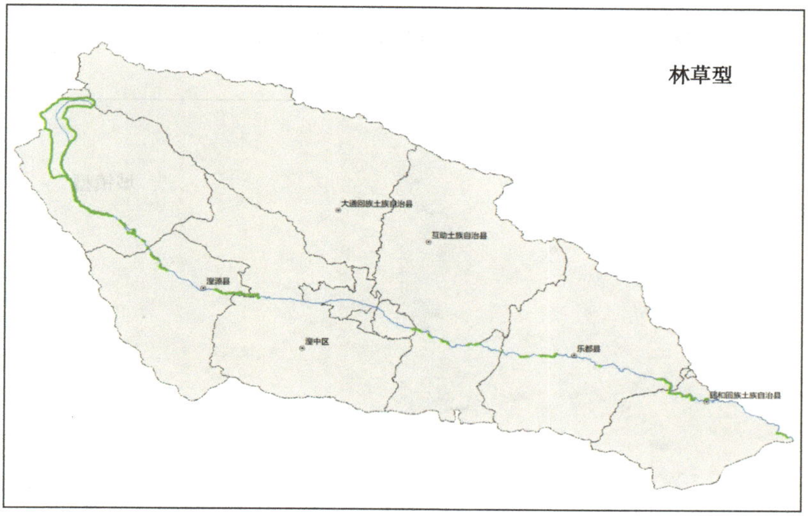

图 4-6　湟水干流林草型生态缓冲带

图 4-7　湟水干流典型植被良好型河段

4.3.3.3　城镇型生态缓冲带

城镇型生态缓冲带是湟水干流岸带及周边主要土地利用类型为商服用地、工矿仓储、城镇住宅、公共管理和服务用地，以及其他城镇建设用地的缓冲带，其主要生态功能包括维护河流生态空间、阻隔城镇面源污染入河，减少生产生活活动对河流水质的负面影响等作用。

湟水干流城镇型生态缓冲带主要分布在西宁城区段、互助县高寨镇段、平安区平安镇段、乐都区雨润镇碾伯镇高庙镇洪水镇段及民和县川口镇马场垣乡段，其他区（县）、乡镇零星分布。城镇型生态缓冲带总面积为 4.23 km^2，占划定湟水干流生态缓冲带总面积的 11.0%，见图 4-8 和图 4-9。

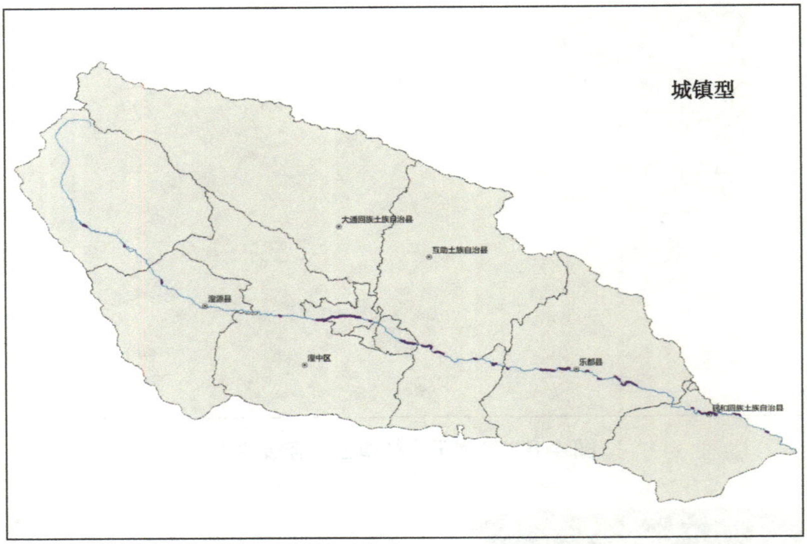

图 4-8　湟水干流城镇型生态缓冲带

图 4-9　湟水干流典型城镇型河段

4.3.3.4　村落型生态缓冲带

村落型生态缓冲带是湟水干流岸带及周边主要土地利用类型为成片农村住宅

用地的缓冲带，其主要生态功能是为河流提供生态空间，同时降低农村生活废（污）水、散养畜禽粪便以及垃圾等入河对河流水质的负面影响。

湟水干流村落型生态缓冲带主要分布在湟源县东峡乡、湟中区多巴镇段、乐都区高店镇碾伯镇段，民和县松树乡马场垣乡段，其他区（县）部分乡镇零星分布。村落型生态缓冲带总面积为 0.43 km^2，占划定湟水干流生态缓冲带总面积的 1.1%，见图 4-10 和图 4-11。

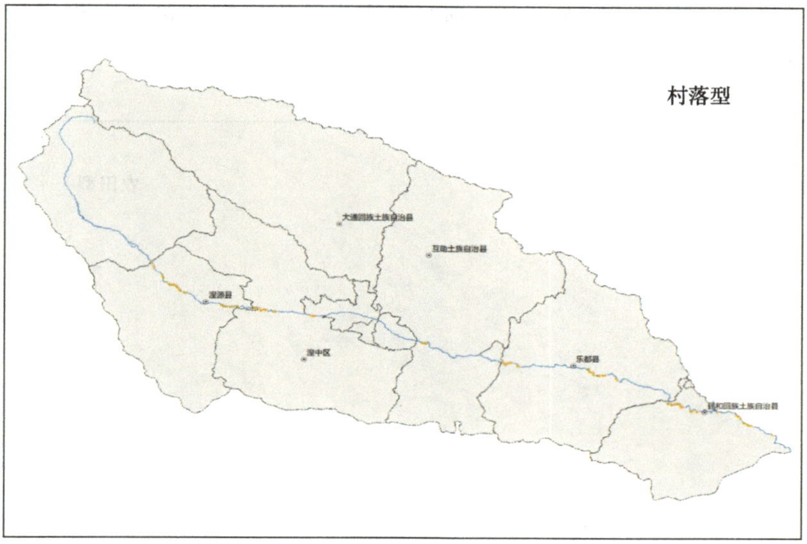

图 4-10　湟水干流村落型生态缓冲带

图 4-11　湟水干流典型村落型河段

4.3.3.5 农田型生态缓冲带

农田型生态缓冲带是湟水干流岸带及周边主要土地利用类型为分片或连片的旱地、园地的缓冲带，主要生态功能为拦截和消纳农业面源污染物。

农田型生态缓冲带是湟水干流生态缓冲带的主要类型之一，主要分布在海晏县三角城镇金滩乡段、湟中区多巴镇段，平安区平安镇段、乐都区碾伯镇高庙镇洪水镇段、民和县川口镇马场垣乡段，其他区（县）乡、镇零星分布，农田型生态缓冲带总面积为 3.57 km^2，占划定湟水干流生态缓冲带总面积的 9.3%，见图 4-12 和图 4-13。

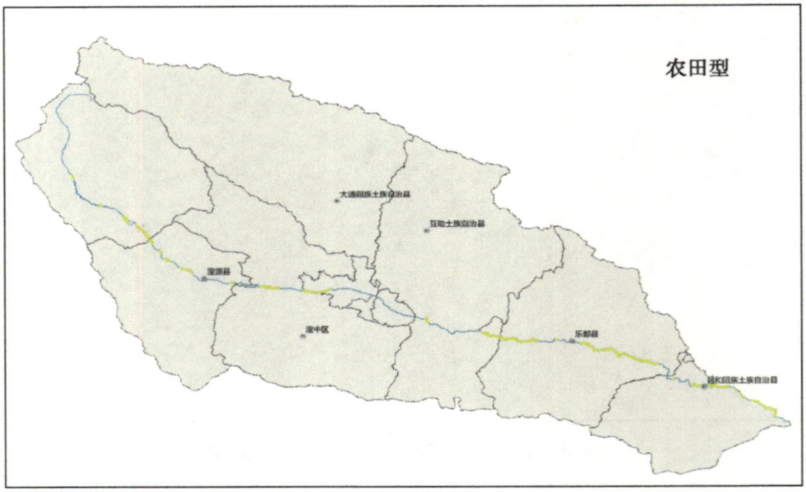

图 4-12　湟水干流农田型生态缓冲带

图 4-13　湟水干流典型农田型河段

4.3.3.6 生态缓冲带划定成果汇总

湟水干流生态缓冲带总面积为 38.38 km^2。其中，堤防型生态缓冲带总面积为 1.64 km^2，占划定湟水干流生态缓冲带总面积的 4.3%；林草型生态缓冲带总面积为 28.51 km^2，占划定生态缓冲带总面积的 74.3%；城镇型生态缓冲带总面积为 4.23 km^2，占划定生态缓冲带总面积的 11.0%；村落型生态缓冲带总面积为 0.43 km^2，占划定生态缓冲带总面积的 1.1%；农田型生态缓冲带总面积为 3.57 km^2，占划定生态缓冲带总面积的 9.3%。生态缓冲带宽度最小为 0 m（位于湟水干流西宁城区段，为堤防型生态缓冲带），生态缓冲带宽度最大约 2.4 km（位于湟水干流源头区和上游区，临河道侧第一重山脊线上，为林草型生态缓冲带）。湟水干流各类型生态缓冲带范围划定结果如图 4-14 所示。

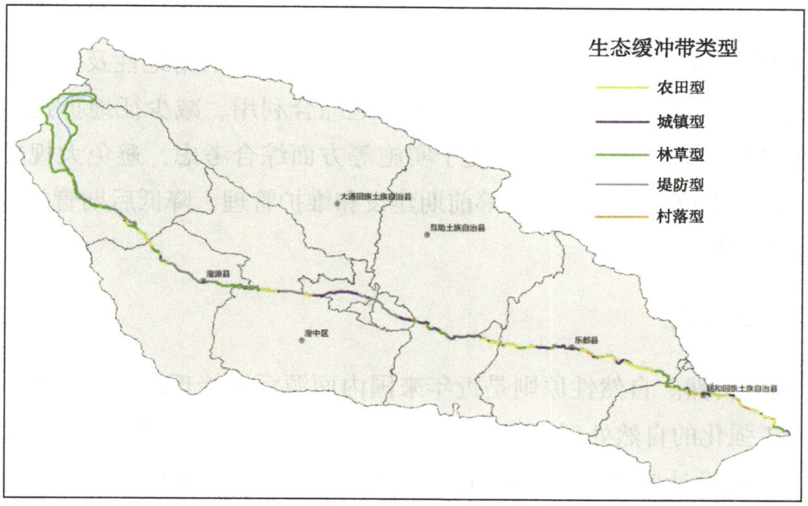

图 4-14 湟水干流生态缓冲带类型划定结果

4.4 开展湟水干流生态缓冲带保护修复对策

4.4.1 总体要求

4.4.1.1 总体思路

1）遵从河流综合功能与生态定位，加强对河湖水系自然形态的保护，恢复和保持河流水系的自然连通与流动性，宜与河道综合整治工程、美丽河湖建设相结合，同步实施。考虑到土地利用、经济投入等因素，因地、因类优化组合，合理有效地确定其功能及其适用的修复措施。

2）缓冲带生态修复应倡导本土动植物栖息地的构建，在适当的人为干预下科学规划设计自然演替过程，充分利用河流的现状形态、地形、水文等条件，避免急于求成而造成完全的人工栽植和园林化造景。在不满足连续性的生态缓冲带修复时，以关键点修复带动整体生态格局的提升。

3）根据河流岸带存在的突出问题，构建具有相应功能的生态缓冲带。农田、村落面源污染型，重点考虑面源污染控制功能；高密度城镇建成区，结合城镇水生态空间管控，重点考虑水生态改善和提升；水功能区未达标河湖重点考虑水质改善和水体自净能力提升；环境敏感区域重点考虑保持和提升生物多样性功能等。

4）结合当地实际情况，确保生态缓冲带各项功能的落地性及技术经济的合理性。充分结合地方有关用地规划，从土地综合利用、减少征地拆迁和耕地侵占、满足环境需求、经济可行和便于实施等方面综合考虑，避免大规模整地开挖。在实施生态修复工程时应统筹前期建设和维护管理，降低后期管护成本，便于地方管理和使用。

4.4.1.2 修复原则

1）顺应自然。自然性原则是近年来国内面源污染治理的一个重要方向，即为适度人工强化的自然处理过程。因此，在满足国家政策需求、体现因地制宜的基础上，工程设计应遵循生态优先、顺应自然的原则，实现污染物生态拦截和净化，使区域生态功能持续发挥，为项目建成后的自我持续发展及发挥作用创造条件。

2）空间控制。区域农业农村面源问题突出，需在不影响农田排灌要求的前提下，工艺设计遵循有限空间的高效利用原则，针对汇流、蓄滞、拦截、净化、排放等分别开展不同空间分布、分层次的设计，尽量不额外占用其他土地资源。

3）刚柔结合。刚柔结合原则与顺应自然原则相匹配，即为人工强化与自然恢复的互相补充与结合，在设计上更接近自然。本部分项目内容为种植业面源污染治理类项目，因此在设计中需遵循硬质工程与自然修复相结合的原则，在实现目标的过程中共同发挥作用，保证目标的顺利实现。

4）持续发展。面源污染生态拦截工程也可以属于生态治理与修复项目，自身的持续稳定是项目能够长期维持高效的重要因素，所以项目设计建设需要结合后期管护的简单易行展开，尽量降低后期管护成本，通过自然性的充分体现，最大限度实现工程的自维持、自发展、自平衡、自健康。

4.4.1.3 修复目标

对接《青海省重点流域水生态环境保护规划》《青藏高原生态屏障区东部湟水流域山水林田湖草沙一体化保护和修复工程实施方案（2023—2025 年）》等上位规划，提出的湟水干流生态缓冲带保护修复目标为：

——岸线生态修复指标：①湟水干流河段自然岸线比例维持在总岸线长度的 60% 以上；②完成河道缓冲带建设 498.88 hm^2，河道水环境修复 41.50 hm^2；③生态岸坡垒砌 125.75 km；④湿地修复面积 95.53 hm^2。

——水质净化修复指标：①湟水干流地表水国控、省控断面水质达到或好于Ⅲ类的比例达到 100%；②湟水干流劣Ⅴ类水质断面全部消除；③湟水出境断面年均水质稳定达到Ⅲ类水平；④湟水干流各水功能区达标率达到 100%。

——生物多样性保护指标：水生生物完整性指数稳步提升。

4.4.2 生态缓冲带保护修复措施

4.4.2.1 强化水源涵养区封育保护

对于源头区、水源保护区等区域内河流河段，以及自然植被现状良好的河流河段，应以保护、保持现状生态环境为主，不宜采取过多的人工干预措施。

采用全封育或半封育方式，实现生态缓冲带自然恢复，可参照《封山（沙）育林技术规程》（GB/T 15163）。河流上游、水土流失严重地区以及生态脆弱恢复植被较困难地区的封育区宜采用全封闭方式；其他植被生长良好、林木覆盖度较大、人畜活动对封育成效影响较小的地区宜采用半封育方式。25° 以上区域采取封禁治理等自然修复措施防止水土流失。

4.4.2.2 实施岸滨带植物群落修复

岸滨带植物群落修复主要针对由于乱挖、乱占等生产建设活动导致的植物群落被破坏的河滩地。应结合地形、水文条件等，在遵循土著物种优先、提高生物多样性等基本原则的基础上，注重植物的生态习性、空间配置和时间配置，按照生态位和生物多样性的原则构建生态系统结构和生物群落，实现植被的自然演替。

滩地植物群落恢复应适应河滩地的水流条件，从而确保植物群落修复后的稳定性。滩地植被恢复范围为设计高、低水位之间的岸边水域，一般保证有3～5 m 的宽度范围。植被恢复种类包括沉水植物、浮叶植物、挺水植物和湿生植物，以挺水植物和湿生植物恢复为主。

陆域缓冲带植物群落恢复应衔接汇水区域地形，沿等高线设置植被带，使径流均匀、平缓流过生态缓冲带区域。基底地形、地貌改造主要包括侵占物拆除、地形平整和重建。将侵占河岸缓冲带的构筑物拆除，根据植被恢复要求因地制宜地对地形进行整理，一般无须调整底质的物理化学特性。植物的选取应遵循自然规律，优先选择土著优势物种，且要选择对氮、磷等营养性污染物去除能力较强、用途广泛、经济价值较高、观赏性强的物种，并兼顾常绿树种与落叶树种混交、深根系植物和浅根系植物搭配、乔灌草相结合等。植物搭配采用草＋乔、草＋灌、草＋灌＋乔 3 种配置方式。

1）乔灌草植被区域一般分为邻水区、中间过渡区和近陆区。邻水区位于河流水陆交错区，以乔木林带为主，可保护堤岸、去除污染物，为野生动物提供栖息地。中间过渡区属岸坡缓冲带，以乔灌木树种为主，考虑植物的多样性，可减少河岸侵蚀、截留泥沙、吸收滞纳营养物质、增加生物多样性和野生动物栖息地。近陆区位于外侧远离河岸的区域，属岸坡缓冲带，以草本植物为主，可穿插配置灌木，用于阻滞地表径流中的颗粒物，吸收氮、磷和降解农药等污染物。径流进入植被缓冲带前，可通过设置草障分散汇集的径流水流。草障宜选取茎秆较硬的草本植物，平行于缓冲带种植，作为屏障减缓和蓄集径流，促进径流中颗粒物的入渗和沉积。

树（草）种选择应选择根系发达、耐水湿、固持土壤、培肥改土能力强的植物种类。不同区域的选择如下：①邻水区：根系发达、生长量大、固土能力强，耐水淹的乔灌树种。②过渡区：根量多、根系分布广、改良土壤作用强，生长量大、生长稳定、抗逆性强的乔灌树种和草本植物。③近陆区：根系发达、生长旺盛、固土力强，能大量过滤水中沉淀物和化学物质的草本植物。

2）自然乔草带修复，宜注重与现有景观融合，采用小片区种植，细化植物种类和布局，在乔草带内铺设透水铺装，满足群众休闲娱乐功能；灌草带以彩叶灌木、花灌木为主，采用孤植、丛植和行列栽植，植株下设置开花草被拦截面源污染。植物选用根系发达、冠幅大、防风保水能力强的乔木树种。构建防护林，以达到减小风速、固坡护岸、减少泥沙和污染物入河的生态功能。

3）灌草带可缩窄其设计宽度，为乔草带保留更多空间，以防治水土流失。村落—农田地区缓冲带内乔草带修复根据地区偏远程度选择，远离农村的地区，可种植根系发达、冠幅大、防风保水能力强的乔木树种作为防护林，近农村区域可考虑选种经济作物。

4.4.2.3　强化河流湿地生态修复

加强河滩天然湿地生态修复，维持滩地高低起伏的自然形态，对被束窄的河道应尽量退还河流生态空间，恢复泛洪漫滩；对已硬化的堤脚采用抛石、石笼等方法营造河滩。河滩地生态修复主要包括基底修复、植物群落修复和生境营造。

针对支流河口、汊港或有污水处理厂尾水排放的区域，可优先选择对总氮、总磷等去除效果较好的潜流人工湿地或生态滤池，形成基质—植物—微生物生态系统。人工湿地设计过程中，应突出湿地的自然特点，充分利用生态系统自我修复能力。应注意功能型湿地或滤池表面标高，避免低于洪水水位。

结合城市生态景观和海绵城市营造，因地制宜建设城市湿地。城市湿地营建应充分利用河道景观、公园、水塘、公路两侧排水沟，构建浅水湿地，利用自然跌水富氧，低成本运行。

4.4.2.4　开展近自然河道整治

恢复自然河道生态形态。针对河流海拔高、河流坡降大、水流速度快、河流下切侵蚀强烈的山区陡峭河流，在生境类型的修复中，采用河流地貌自然结构营造生境，针对高坡降、垂直侵蚀大的特点构建人工阶梯、深潭等合适的生境。针对受人为活动影响大、栖息地结构单一的城市河流，条件允许时，构筑必要的滩、洲、湿地、砾石群等，提升河道的生物或生境多样性。城市河段浅滩和深潭可结合小型结构物（导流装置、生态潜坝）、河床抛石、人工鱼巢等设计，宜适度形成深浅交替的浅滩和深潭序列，构建急流、缓流和滩槽等丰富多样的水流条件及多样化的生境条件。

加强水生生态系统的保护修复。基于现状湿地，根据水生动植物对生境要求的差异，通过保障水源、营造鸟岛、涵养水生植物等措施，形成丰富的湿地环境，构建湿地保护空间。基于生物群落修复，创造两栖类、鸟类、底栖类、鱼类等生物的栖息环境。限制人类干扰活动，必要情况下通过人工手段加以保护，营造动物栖息地封闭区域。如采用木桩、铺草、抛石、沉石等模拟自然状态，营造鱼类繁殖场所。利用本地现有物种，增加植物、动物种类多样性，形成小型生态系统，通过人工辅助措施恢复生物种群数量，包括研究确定植被种植、食物链生物投放模式等。

4.4.2.5　强化缓冲带截污功能

因地制宜开展生态拦截沟渠、生态围堰、绿篱隔离带、下凹式绿地、生物滞留带等措施或梯级组合工艺，强化河道生态缓冲带截污功能。

1）生态拦截沟渠。生态拦截沟渠一般指种有植被的地表沟渠，用于拦截降雨后初期径流污染，生态沟渠建设应综合考虑区域特性、经济发展水平、气象水文、土壤、地形、地下水埋深、种养结构等方面的实际情况。生态拦截沟渠建设鼓励利用原有排水沟渠进行改造和提升，适用于城市滨河道路两侧、公园绿地等区域，作为生物滞留设施、湿塘等低影响开发设施的预处理设施，可用于衔接河流、绿地和城市雨水管渠系统等。可作为雨水后续处理的预处理措施，与其他径流污染控制措施（渗透设施、生物滞留带等）联合使用，易于与不透水区域或其他处置措施自然连接，达到较好的景观效果。

2）生态围堰。以围堰形式净化水质，围堰主体结构为防腐木围栏，围栏间隙填充不同颗粒级别的填料，对大颗粒污染物进行过滤，分级吸附污染物，在围堰中种植吸收氮、磷能力强的水生植物，起到削减氮磷、净化水质的作用。

3）绿篱隔离带。城镇型河流生态缓冲带外围人类活动频繁，影响缓冲带生态功能，宜采用隔离性较好的绿篱植被。绿篱由小灌木构成，高度在1.2～1.6 m，隔绝不合理的人为活动。适当位置开缺，方便居民和游人休闲活动。村落型河流生态缓冲带外围受人类和牲畜活动影响，宜采用结构比较稳定、隔离性能较好的绿篱植被，由灌木或小乔木密植构成。

4）下凹式绿地。下凹式绿地是一种高程低于周围路面的公共绿地，利用开放空间承接和贮存雨水，达到减少径流外排的作用。与植被浅沟的“线状”相比，主要是“面”能够承接更多的雨水，且其内部植物多以本土草本为主。主要通过植被和土壤的物理、化学和生物作用净化径流雨水，削减径流污染物以及调节径流和滞洪的作用。

5）生物滞留带。生物滞留带是一种具有地表径流滞蓄、净化作用的仿自然生态处置技术，主要由预处理设施、进口设施、蓄水层、植物、树皮覆盖层、种植土和填料层、砾石排水和溢流设施组成。通过树皮 / 土壤 / 微生物 / 植物等物理、化学和生物作用处置雨水，利用植物截留、土壤渗滤净化雨水。生物滞留带能有效减少径流中的悬浮固体颗粒和有机污染物，通过植物截留及土壤滞蓄，降低雨水径流流速、削减洪峰流量、减少雨水外排。

6）生态护岸改造。对于已硬质化的河流岸线，在满足防洪安全的前提下，依据场地条件开展自然岸线恢复和生态护岸改造，恢复河湖自净与生态功能。生态护岸应满足岸坡稳定、行洪正常、材料自然、河水与土壤相互渗透、造价经济等要求。生态护岸设计应具有自然性与生态性，选用安全性和稳定性高的护岸型式。

城市河流护岸型式由防汛要求及周边土地利用状况决定，在水力条件和周边区域用地条件允许的情况下，尽量用斜坡式代替复式断面，此类岸线更加柔化，河岸带横向连通性较好，有利于水生植物全系列布局。公共活动密集区护岸附近可布置亲水平台和步道，以满足人们亲水需求。

堤防型河流形态基本固定且周边区域用地限制较大，河道形态调整难度大，该类型生态缓冲带宜遵循现有的形态布局。在流速、水深条件允许的情况下，尽可能采用生态材料，使河道柔性化，营造适合动植物和微生物的生境，构建完整的水生生态系统，以利于水质净化。

非特殊水功能区域的村落河岸带主要在保证水安全的基础上，保持河流的自然属性。护岸型式以钢筋混凝土仿木桩 + 草皮护坡为主。尽量采用天然材料，水生植物全系列布局，营造“凸岸—凹岸”交替的自然河道形态，增加河岸带生境异质性和生物多样性。靠近居民点附近的人为活动聚集区可适当添置简易的亲水设施。

4.4.3 生态缓冲带维护管理措施

4.4.3.1 加强生态缓冲带日常管理

加强河流生态缓冲带保护与管理，按照“三线一单”等河岸线管控要求，最大限度保留区域内原有自然生态系统，禁止未经法定许可占用水域和建设影响河道自然形态和生态功能的项目。对饮用水水源保护区、重要湿地、重要水产种质资源保护区等区域的河流生态缓冲带，应实施优先保护。城镇型、农田型河段，应严控岸带开发活动，按照“守、退、补”原则，因地制宜提出正、负面清单，维护河流生态空间的生态完整性。加强生态缓冲带卫生管理，定期清理垃圾，防止水面有枯枝败叶和垃圾堆积，清理漂浮物，防止水质恶化。

4.4.3.2 及时维护生态修复工程

因地制宜实施基底边坡建设、河流湿地修复工程等日常的维护管理，持续巩固工程生态效益。

1）基底边坡维护管理。定期对基底边坡进行巡查，发现问题及时维护，确保基底稳定、防护措施和消浪设施等完好。

2）大型水生植物维护管理。主要内容包括植物的生长控制、植物残体的收获处理、生态系统完整性及健康程度、植物病虫害防治、人为侵占破坏、定期清理等。主要包括：①根据植物的不同生长期调节水位，实施生态水位调控，确保水生植物的繁育生长。②合理规划植物种植，一般陆生植物的最佳种植时间为植物休眠期。水生湿地植物种植的最佳时间一般是春夏或初夏，设计时应考虑各种配置植物的生长旺季以及越冬时的苗情。耐水性差的种类宜在生长期种植，耐寒性强的种类可在休眠期种植，耐寒性差的种类不宜在休眠期种植。③水生植物枯萎后应及时收割，以保证植被系统的良好运行，同时防止大量的腐烂植物残体对水域造成二次污染。收割后的植物应进行集中处理，不得任意遗弃。④植物在生长过程中易滋生病虫害，应进行综合防治。优先采用生物防治等环境友好型病虫害防治技术，如灯光诱杀、粘虫板诱杀等，也可适当使用生物农药或植物性农药，在病虫害发生初期及时收割植物地上部分，根部发病时应及时拔除。

4.4.3.3 加强缓冲带生态监测评价

依据缓冲带生态修复目标，定期开展生态缓冲带监测与评价，可采用卫星遥感、无人机等技术手段，结合地面生态调查，对河流生态缓冲带的自然恢复、生态护岸建设、生物多样性、水质改善情况、氮磷等污染物削减率、城镇段河流生态缓冲带亲水空间等进行监测与评价。生物指标主要监测大型水生植物、水生动物等，监测频率为大型水生植物每年 2 次，水生动物每年 1 到 2 次，并评价生物多样性变化情况。

第 5 章

“有效激励”——湟水流域跨界水体生态补偿责任核算方法研究

5.1 国内外生态补偿实践借鉴

5.1.1 国外生态补偿开展情况

5.1.1.1 以水污染治理为背景的欧洲生态补偿模式——莱茵河流域

欧洲跨界流域生态补偿模式的做法是以政府支付为主，企业支付和环保基金支付为辅的生态补偿模式。其中，政府支付大致包括公共财政支付和环境税费减免两种方式；企业支付主要是污染事故赔偿支付，包括向国家、地区和个人的支付；环保基金支付主要是直接向生态恢复项目拨款。

莱茵河是欧洲西部最大的河流，也是欧洲最重要的内陆河道。早在 1950 年，莱茵河沿岸国家（瑞士、法国、德国、卢森堡和荷兰）就联合起来，成立了保护莱茵河国际委员会（International Commission for the Protection of the Rhine，ICPR）。1976 年，欧共体也作为缔约方加入进来。委员会成员由流域内的国家、州等代表组成，主席由成员国轮流担任，任期 3 年。委员会的工作领域涉及与莱茵河有关的地下水、水生和陆生生态系统、污染和防洪工程等。其工作的基本原则是预防、源头治理优先、污染者付费和补偿、新技术的应用和发展、可持续发展等方面。组织目标是河道疏浚，改善河流沉积物质量，改善流域内水质，保障饮用水的用水安全，防洪以及维持莱茵河生态系统的可持续发展。该委员会成立后，实施了多项莱茵河环境保护计划，先后签署了一系列的莱茵河环保协议，极大地推动了莱茵河环境保护工作。

ICPR成立后进行国际谈判的第一个议题就是关于氯化物污染处理问题，经过多年的协商，各缔约方于1976年签署了《莱茵河氯化物污染治理公约》，该公约明确指出，法国作为污染物的主要贡献国，需要达成60%的减排目标，而荷兰、德国和瑞士则需要为法国的氯化物减排提供其所需资金的70%，具体承担份额为荷兰34%、德国30%、瑞士6%，这些补偿资金由各国政府公共财政支付。例如，位于莱茵河流域的德国为了减少企业对河水的污染，在施行排污许可证政策的同时，对企业按照污染物的实际排放量进行征税，费率根据水污染物的组成（COD、重金属等）确定，污水排放标准会随着控制技术的进步不断更新，一旦证实企业污水排放始终达标，征收的费率可减少75%，这种通过税费减免的污水减排激励政策的实施相当于政府间接向企业支付了一定的生态补偿金。法国钾矿企业就氯化钾污染事件向荷兰商业菜园经营者支付了约170万欧元用以赔偿其农作物损失，向北荷兰省以及阿姆斯特丹市政府共支付了约800万欧元，用以赔偿其饮用水水管因污染腐蚀而导致的损失。桑多兹污染事故对莱茵河生态环境造成了非常严重的影响，法国渔民收入锐减，法国饮水系统也遭受了极大的损失，瑞士桑多兹公司就此事件向法国渔民和法国政府支付了3 800万美元的赔偿金。这些都是企业向国家、地区、个人支付生态补偿金的典型案例。此外，由非政府组织成立的一些基金会也在实施生态补偿，在开展环境保护方面起到了积极的作用，例如，桑多兹－莱茵河基金会和世界野生动物基金会为了帮助恢复因桑多兹事故而受到破坏的生态系统，联合拨款资助一个历时3年的恢复莱茵河动植物计划。

5.1.1.2 以流域综合开发为背景的美洲生态补偿模式——田纳西河流域

美国很早就开始开展生态补偿实践，可以借鉴的经验非常多，其中跨界流域生态补偿以田纳西河流域最具有代表性。

田纳西河（Tennessee River）是美国第八大河，位于美国东南部，发源于弗吉尼亚州，向西汇入密西西比河的支流俄亥俄河，全长1 043 km，流经7个州，流域面积10.4万km^2。美国于1933年5月成立田纳西河流域管理局，对田纳西河流域进行综合治理，使其成为一个具有防洪、航运、发电、供水、养鱼、旅游等综合效益的水利网。

田纳西河流域生态补偿最显著的特点就是其生态补偿金来源广泛，一部分来源于电力、航运和水利获得的盈利，另一部分来源于利用生态项目通过上市融资和向银行贷款等方式吸收的社会资金以及外国资金；其具体支付方式有直接支付和间接支付两种。例如，为了减少土壤侵蚀，田纳西河流域委员会直接对流域周围的耕地和边缘草地的土地拥有者进行直接生态补偿；拨付科研专项基金进行高效化肥研究，向流域内农民进行推广，不但提高了农业的产出水平，减少了因化肥施用引起的水污染，而且增加了农民收入，间接对农民进行了补偿。

5.1.1.3 以水市场化改革为背景的澳大利亚生态补偿模式——墨累 - 达令河流域

墨累 - 达令河流域是澳大利亚最大的流域，具有典型的跨界特征，澳大利亚生态补偿模式是以市场补偿为主，以政府提供的国家自然信托基金为辅的生态补偿模式。

墨累 - 达令河流域位于澳大利亚的东南部，共有 20 多条支流和地下水系，是该国内农业、工业生产以及消费的重要的淡水来源，澳大利亚 75% 的农业、家庭及工业用水均发生在该流域。由于墨累 - 达令河流域水资源的立法相对完善，市场发育也比较成熟，流域生态补偿带有典型的市场特征。例如，①水分蒸发信贷交易：流域因为伐木过度，造成了环境的破坏，水分蒸发信贷制度要求下游的农场主和受益者按一定的价格缴纳资金给上游，用以上游地区的植树造林以缓解流域因为伐木过度造成的环境破坏问题。②水权交易：在确保环境生态用水的前提下，针对不同用途的水（水力发电用水、灌溉用水、消费用水、环境用水）分别制定详细的水权交易程序和水权交易规则（包括水市场规则、水费规则以及灌溉和供水基础设施经营规则等）开展水权交易。水权交易市场具有一定的开放性，允许自组织的私人水权交易。另外，澳大利亚联邦政府也会通过转移支付等财政手段，对地方政府与农户进行直接补贴，如联邦政府为土地关爱计划所提供的自然遗产信托基金。

5.1.1.4 以政府购买生态服务为形式的欧盟生态补偿模式

欧盟是世界上将市场机制引入生态服务供给领域成效最为显著的地区之一。20 世纪 80 年代以前，欧盟国家强调生态服务政府供给职能的角色定位。随着经济危机对欧盟国家财政的负面影响越发突出，新公共管理运动的爆发推动了生态服务政府供给演替为政府向企业、社会组织或个人购买。经过 30 多年的探索实践，欧盟国家政府购买生态服务的内容日益丰富，包括建筑物清扫服务、排污和垃圾处理服务、环保与类似服务等，基本形成于法有据、方式灵活、标准明确、程序规范的政府购买生态服务制度。

1）形成体系化的法律制度。根据WTO《政府采购协定》（GPA）的要求，欧盟相继修订了涵盖不同公共服务领域的四部实体性法律和两部程序性法律，并发布生态环境类服务政府购买正面清单。这成为欧盟层级生态购买的基本法律依据。多数成员国根据这些法规和指令（如共同农业政策、水框架指令、生境指令等），结合国情实际，分别制定了国家层级政府采购法和反映生态购买计划的自然资源管理法规。同时，各成员国地方政府根据国家层级法律规定的实施细则，制定了地方层级生态购买法规和政策，从而形成“以欧盟法规、指令为指导，以国家法律为核心，以地方政府法规政策为补充”的体系化法律制度。据此，欧盟和各成员国政府实施了不同领域、不同类型的生态购买计划，通过政府向企业、社会组织或个人购买多种形态的生态服务，实现经济效益、社会效益和生态效益多赢。

2）探索多元化的购买方式。欧盟总面积430余万平方千米，其中森林覆盖率37.7%，耕地覆盖率22.2%，草原覆盖率20.7%，灌丛覆盖率7.1%，其余土地覆盖类型均不足5%；除部分森林、草原、农场、国家公园等为国有外，欧盟国家绝大多数土地属于私人产权范畴，如私有林占60.3%，国有林占39.7%。欧盟国家政府除了依托国有生态空间提供生态服务外，还积极创新公私伙伴关系，向企业、社会组织或个人购买维持和增强类生态服务、高危生态服务以及因土地利用变化减弱的生态服务，具体包括：

①土地产权交易：生态服务的潜在卖方是对生态服务的提供处于保护位置的行动者，即土地所有者。作为典型的土地权属私有为主的国家，各成员国《土地法》通常对私人土地的用途和流转有着十分严格的限定且规定政府拥有优先购买权，这为欧盟国家政府购买具有较高生态服务价值的土地所有权、使用权、开发权等权利提供了坚实的法律基础。例如，自1999年以来，瑞典政府通过土地赎买、补贴和自愿捐赠相结合的方式，购买中部和南部地区具有重大自然保护价值的林地所有权，以建立自然保护区和重要生境，非生产性林地面积由2014年的115.74万hm^2增至2017年的116.89万hm^2。

②合同外包：政府将本应由自身承担的生态服务事项，通过竞标方式全部或部分外包给符合资质的社会组织、企业或个人，并按效付费。20世纪90年代，面对境内河道纵横的治理困境，德国柏林市政府推行“河流家庭承包制”，即将流域生态管护工程分段分片外包给附近居民，附近居民和流域管理部门按照自愿

参与原则签订契约合同，配合地方环境警察和水上警察执行流域日常维护、运行监督、水质检测、损毁工程统计上报等管护事项，流域管理部门对流域运行管护情况进行定期抽查与评估，并根据居民承包的期限、长度、管护质量等给予税收优惠或市政管理费用减免。这一措施不仅让流域生态管护真正落到实处，而且极大地节省了各级政府的环保费用支出。

③特许经营：欧盟国家政府充分利用竞争机制、价格机制和激励机制促进私人资本和社会资本进入生态公共服务领域，并通过竞标方式特许有资质的企业、社会组织或个人经营公益性的生态产品、生态工程和生态管护等事项。例如，在德国下萨克森州国家公园鸟类栖息地保护中，社区居民按照自愿参与原则与政府达成协议参与公园管理，并根据管理计划收割牧草，获得的收益全部归居民所有；2006 年法国启动国家公园体制改革后，国家公园联盟（PNF）根据不同行业的特点制定了差别化的特许经营市场准入清单，对申请人资质和全生命周期经营管理行为均有明确要求，并以国家公园产品品牌价值增值体系为依托，引导社区企业和个人自愿参与，实现区域生态服务公私伙伴供给。

④经济补助：欧盟国家政府向采用绿色耕作方式的农户提供的经济补助内涵丰富、形态多样。从补助范围来看，各成员国生态购买的范围同时包含森林、草原、湿地、耕地、流域、矿区、国家公园、自然保护区等国有部分和私有部分，并根据不同类型、不同区位和不同等级标准的生态服务实施差别化的经济补助。从补助方式来看，既包括税收减免、低息贷款、项目支持、补贴奖励、救济服务等政策和资金补助，也包括环境和气候基金（如 LIFE 计划）、生态银行（如湿地银行、物种银行等）、生态保险等绿色金融支持，还提供免费的农业技术咨询服务、农户专业教育以及引导农户发展替代生计和创建生态经济复合系统等智力补偿及能力建设。从补助资金来源来看，已经形成以“欧盟—国家—地方”为主的三级资金筹集体系。

⑤实施市场化的购买价格：在欧盟国家，购买价格因不同类型、不同区位和不同等级标准的生态服务而异，但在其形成过程中均非常注重发挥市场竞争机制的价格发现功能，通过公开招标、邀请招标、竞争性谈判、单一来源采购等方式向农户招标，使政府和社会公众对生态服务的公共需求通过市场竞争机制显示出来。这种竞争机制蕴含着生态服务供求双方自愿性、公平性和科学性的市场交易原则，生态购买价格是由政府和私人土地所有者基于市场供求状况反复磋商谈判所确定的，即“公开招标 + 价格协商 + 协议签订”。

⑥建立规范化的购买程序：经过多年的生态购买实践，欧盟国家按照“政府采购、市场竞争、合同管理、奖惩并举”原则，日益形成颇具规范化的生态购买程序，主要特色：一是依法制订生态购买计划。根据不同区域和不同类型生态服务的市场供求状况，以体系化生态购买法律制度为依据，详细规定了购买的内容、方式、数量、质量、价格、期限、权责利以及环评等内容。二是通过竞标机制择定承接主体。欧盟国家通过竞标机制择定符合资质的社会组织、企业或个人作为生态服务承接主体。首先，政府向社会发布生态购买计划来表达生态购买需求，社会组织、企业或个人根据经营状况自愿选择是否参与并反馈参与计划的土地面积和意愿价格。其次，政府邀请专家对生态服务价值进行评估和打分。最后，递交竞标结果，供求双方反复磋商谈判直至确定购买价格。三是强化合同管理。欧盟国家在与社会组织、企业或个人达成自愿协议后，建立由政府、私人土地所有者、非政府组织（NGO）、社会公众以及其他利益相关者组成的保护合作网络，执行过程监督、管理、协调等服务功能。四是实施奖惩并举制度。欧盟国家生态购买计划多为10～30年的长期合同，为保证预期目标的顺利实现，欧盟及其成员国根据全生命周期绩效评价结果，采取按效付费和按级定罚相结合的奖惩并举制度进行考核。

5.1.2 国内生态补偿实施情况

20世纪80年代，国内开始实施资源税、资源补偿费、生态效益补偿等环境经济政策。20世纪90年代，开始实施生态补偿，通过经济手段激励相关群体进行资源环境的保护、恢复与治理。国内将生态补偿理解为一种资源环境保护的经济手段，既包括对生态系统服务提供者的奖励、向生态环境破坏受害者的赔偿和对造成环境污染者的收费，也包括对人类活动产生的生态环境正外部性所给予的补偿。截至2024年，安徽、浙江、江苏等21个省份建立了20个跨省（区）流域补偿机制，浙江、四川、山东等20个省份实现了辖区内全流域生态保护补偿，陕西、湖南、贵州、内蒙古、黑龙江5个省（区）针对辖区内重点河流开展了流域生态补偿。

5.1.2.1 生态保护补偿制度建设

2015年，《生态文明体制改革总体方案》提出探索建立多元化补偿机制。

2016 年国务院办公厅印发《关于健全生态保护补偿机制的意见》，要求推进横向生态补偿，研究制定以地方补偿为主、中央财政给予支持的横向生态保护补偿机制办法。同年财政部、环境保护部、国家发展改革委、水利部联合印发《关于加快建立流域上下游横向生态保护补偿机制的指导意见》，明确了 2020 年各省（区、市）行政区域内流域上下游横向生态补偿机制基本建立，2025 年跨多个省份的流域上下游横向生态补偿试点范围进一步扩大的目标，推进了流域上下游横向生态保护补偿机制的建立。2018 年 12 月，国家发展改革委等九部委联合印发《建立市场化、多元化生态保护补偿机制行动计划》，旨在建立政府主导、企业和社会参与、市场化运作、可持续的生态保护补偿机制，激发全社会参与生态保护的积极性。

2018 年，为了推动长江流域生态保护和治理，建立健全长江经济带生态补偿与保护长效机制，国家印发《中央财政促进长江经济带生态保护修复奖励政策实施方案》《关于建立健全长江经济带生态补偿与保护长效机制的指导意见》，鼓励地方政府建立相邻省份及省内长江流域生态补偿与保护的长效机制。

2020 年，财政部、生态环境部、水利部、国家林业和草原局等共同印发《支持引导黄河全流域建立横向生态补偿机制试点实施方案》。试点实施方案以持续改善流域生态环境质量和推进水资源节约集约利用为核心，立足黄河流域各地生态保护治理任务不同特点，遵循“保护责任共担、流域环境共治、生态效益共享”的原则，探索建立具有示范意义的全流域横向生态补偿模式，强化联防联控、流域共治和保护协作，搭建起“全面覆盖、权责对等、共建共享”的合作平台，加快实现高水平保护，推动流域高质量发展，保障黄河长治久安，同时积极推动补偿机制建设向流域所在市县延伸。黄河流域生态补偿奖励资金分配指标以保护流域水生态环境为主要目的，主要体现在：①补偿资金向生态环境较好、水源涵养能力较强的地区倾斜，水源涵养指标占补偿资金的 30%；②为鼓励流域各省（区）水资源节约，缓解黄河流域水资源保障形势严峻，方案中水资源贡献指标、用水效率指标共占比 45%；③为推动流域水环境质量逐步改善，奖励流域优良水体断面及水质改善断面，鼓励开展主要污染物污染减排工作，水质改善指标占比 25%。同时，方案鼓励各省（区）加强沟通协调，加快建立邻近省（区）流域横向生态补偿机制，积极推进补偿机制建设向流域所在市县延伸。明确上游省（区）要围绕突出生态环境问题，制定保护治理措施，实施重要生态系统保护修复、提升涵养能力。提出各省（区）应充分发挥黄河流域生态补偿机制管理平台作用，探索开展生态产品价值计算，推动横向生态补偿逐步由单一生态要素向多生态要素转变。

5.1.2.2　流域生态补偿开展

按照《生态文明体制改革总体方案》和《关于健全生态保护补偿机制的意见》的要求，近年来，我国已经实施跨省流域生态补偿的试点包括安徽—浙江新安江、广西—广东九洲江、福建—广东汀江—韩江、江西—广东东江、河北—天津引滦入津、云贵川赤水河以及河北—北京密云水库及上游等典型流域。2018—2019年，在长江经济带生态保护修复资金的激励下，长江经济带流域先后建立重庆—湖南酉水、安徽—江苏滁河、江西—湖南渌水流域横向生态补偿机制。

（1）新安江流域生态补偿

新安江流域生态补偿是我国首个跨省流域生态补偿试点，是财政部、生态环境部推进生态文明建设的重要举措，是生态补偿机制建设的先行探索地，为全国其他跨省流域生态补偿实践提供了良好的样板和经验。2012年至今，新安江流域先后签订三轮补偿协议，不断提高补偿资金标准和考核要求。试点以来，皖浙两省将生态文明建设融入经济、政治、文化、社会建设各方面和全过程，走出了一条上游主动强化保护、下游支持上游发展的互利共赢之路，探索出了一批可复制、可推广的生态文明制度机制，形成了"新安江模式"。

（2）汀江—韩江流域生态补偿

2016年3月，在财政部、环境保护部的大力推动下，福建、广东两省政府签署了《福建省人民政府　广东省人民政府关于汀江—韩江流域上下游横向生态补偿的协议》，正式启动汀江—韩江跨省流域生态补偿试点工作，2018年9月，两省再次签订为期1年的《关于汀江—韩江流域上下游横向生态补偿的协议》，进一步保护和改善汀江—韩江流域水环境质量。2019年，两省签订第三轮补偿协议，补偿协议期为2019—2021年。补偿协议期间，两省每年分别出资1亿元保护上游水生态环境，流域4个跨省协议断面水质明显改善，保障下游饮水安全。

（3）引滦入津流域上下游生态补偿

为保护和改善引滦入津水环境质量，保障用水安全，统筹上游保护地区和下游受益地区的关系，在财政部和环境保护部的指导下，河北、天津两省（市）人民政府于2016年正式实施了引滦流域跨界水环境补偿试点，建立了流域生态补偿机制，并于2017年6月正式签订《关于引滦入津上下游横向生态补偿的协议》。3年补偿协议期间，河北、天津共同出资设立引滦入津水环境补偿资金，每年各拿出1亿元，用于引滦入津流域承德、唐山两市水环境保护工作。2019年，两省（市）签订第二轮补偿协议。

（4）赤水河流域生态补偿

2018年，在财政部、环境保护部、国家发展改革委、水利部的推动下，四川省、贵州省、云南省签订了《赤水河流域横向生态保护补偿协议》及《赤水河流域横向生态保护补偿实施方案》，成为首个多个省份间开展的流域横向生态保护补偿试点。每年云、贵、川三省按照1∶5∶4的比例共同出资2亿元，按照3∶4∶3的比例进行资金分配，次年再依据各段补偿权重以及协议确定的考核断面水质达标情况进行分段清算。

（5）黄河流域（豫鲁段）生态补偿

2021年4月，鲁豫两省签订《黄河流域（豫鲁段）横向生态保护补偿协议》，迈出了黄河流域省际横向生态保护补偿的第一步。2023年12月，两省政府签署第二轮《黄河流域（豫鲁段）横向生态保护补偿协议（2023—2025年）》。相较第一轮，此轮协议结合了“十四五”期间黄河流域生态保护重点工作，更加科学全面，更加有利于推动黄河流域生态保护和高质量发展。协议签署以来，黄河干流入鲁水质持续保持在Ⅱ类标准以上，主要污染物指标稳中向好。

（6）山东省内流域生态补偿

2019年，山东省出台《山东省地表水环境质量生态补偿暂行办法》，并于2020年年底、2022年两次修订完善，依据国控、省控断面的水质达标、水质类别提升等情况，实行省、市财政纵向奖补。截至2021年，全省133个县（市、区）301个跨县断面全部签订了生态补偿协议，在全国率先实现全覆盖全兑付，奖补结果向社会公开，督促地方政府深刻认识到严守“只能更好，不能变差”环境质量底线的重要性，确保了国家考核水质目标的如期完成。同时，山东省各地积极作为，不断探索深化生态补偿制度的创新做法，上下游流域治理的责任链条得到完善。济南、德州、滨州、聊城、东营等市在第二轮县际流域横向生态补偿协议续签时增加了提闸时间的要求，推动河流断面维持生态流量，实现“有河有水”；黄河干流流经的18个县（市、区）统一在第二轮县际流域横向生态补偿协议中增加了总氮指标控制要求，将黄河流域“陆海统筹”系统治理要求准确传导至基层，提升了补偿的科学性。

5.2 湟水流域跨界水体生态补偿资金分配方案设计

5.2.1 跨界水体生态补偿指标

5.2.1.1 跨界水体生态补偿指标体系

根据各区（县）生态环境保护修复工作完成情况分配湟水流域生态补偿资金予以奖励，生态环境保护系数反映各区（县）为提供水源涵养功能、良好生态环境及水资源节约做出的贡献，同时反映各区（县）水污染防治工作任务量。设置修正系数，参考上年财政资金拨付的执行情况、地方财政收入等对分配资金进行修正。主要因素及权重分别为：

1）水质改善贡献指标：包括流域内国控、省控、市控断面水质改善幅度、优良水体断面数及水质跨类别改善幅度，权重为 50%。

2）水资源贡献指标：采用各区（县）流域内年度水资源量减去耗水量的差值，权重为 30%。

3）用水效率指标：包括各区（县）万元国内生产总值用水量、万元工业增加值用水量、农田灌溉亩均用水量，权重为 10%。

4）水源涵养指标：采用各区（县）年度湿地、森林、草原的面积，权重为 10%。

5）调节系数：根据地方资金执行率、地方财政收入情况等其他相关指标设置。

湟水流域水质总体轻度污染，水生态环境破坏与污染是湟水流域需要解决的突出生态环境问题，为鼓励湟水流域各区（县）水环境保护与治理工作，各指标占比与《实施方案》有所差别，水质改善贡献指标由 25% 提高至 50%，水资源贡献指标由 20% 提高至 30%，用水效率指标由 20% 下调至 10%，水源涵养指标由 30% 下调至 10%。

5.2.1.2 跨界水体生态补偿指标核算方法

湟水流域跨界水体生态补偿资金分配计算方法如下：

$$S_i = S \times \left(50\% \times \frac{a_i}{\sum_{i=1}^{n} a_i} + 30\% \times \frac{b_i}{\sum_{i=1}^{n} b_i} + 10\% \times \frac{c_i}{\sum_{i=1}^{n} c_i} + 10\% \times \frac{d_i}{\sum_{i=1}^{n} d_i} \right) \times e_i$$

式中：S_i 为第 i 区（县）可获得的年度湟水流域生态补偿资金金额；S 为湟水流域生态补偿资金总额；a 为水质改善贡献指标；b 为水资源贡献指标；c 为用水效率指标；d 为水源涵养指标；e 为调节系数；n 为湟水流域区（县）数量。

（1）水质改善贡献指标

$$a = \left[40\% \times \frac{f_i}{\sum_{i=1}^{n} f_i} + 20\% \times \frac{g_i}{\sum_{i=1}^{n} g_i} + 20\% \times \frac{k_i}{\sum_{i=1}^{n} k_i} + 20\% \times \left(\frac{j_i}{\sum_{i=1}^{n} j_i} + \frac{h_i}{\sum_{i=1}^{n} h_i} \right) \right] \times w_i$$

式中：f_i 为 i 区（县）流域内水质改善幅度指标，计算公式为

$$f_i = \left(\mathrm{CWQI}_{上年度i} - \mathrm{CWQI}_{本年度i} \right) / \mathrm{CWQI}_{上年度i}$$

其中，$\mathrm{CWQI}_{本年度i}$、$\mathrm{CWQI}_{上年度i}$ 分别为 i 区（县）流域内本年度、上年度水质指数，若 f_i 为负值，则以零值计。水质指数（CWQI）的计算方法为区（县）流域内国控、省控、市控断面 21 项单项指标浓度值的算术平均值除以该项指标对应的地表水Ⅲ类标准限值之和。

g_i 为 i 区（县）流域内国控、省控、市控断面中评价年度水质类别为优良水体断面数，个；k_i 为 i 区（县）湟水流域国控、省控、市控断面中水质跨类别改善断面个数，个；j_i、h_i 分别为 i 区（县）相比较上年度主要水污染物 COD、氨氮负荷减排量，t。

w_i 为 i 区（县）是否发生突发环境事件的调节指标：

$$w_i = 100\% - \left(10\% \times x_{1i} + 20\% \times x_{2i} + 30\% \times x_{3i} + 40\% \times x_{4i} \right)$$

其中，x_{1i}、x_{2i}、x_{3i}、x_{4i} 分别为 i 区（县）发生一般、较大、重大、特别重大突发环境事件的次数。

（2）水资源贡献指标

b_i 为 i 区（县）水资源贡献量，即 i 区（县）流域内年度水资源量减去年度耗水量的差值，若 b_i 为负值，则以零值计。

（3）用水效率指标

$$c_i = 60\% \times \frac{1/l_i}{\sum_{i=1}^{n}(1/l_i)} + 20\% \times \frac{1/m_i}{\sum_{i=1}^{n}(1/m_i)} 20\% \times \frac{1/p_i}{\sum_{i=1}^{n}(1/p_i)}$$

式中：l_i 为 i 区（县）万元国内生产总值用水量；m_i 为 i 区（县）万元工业增加值用水量；p_i 为 i 区（县）农田亩均用水量。

（4）水源涵养指标

d_i 为 i 区（县）内水源涵养面积，即 i 区（县）流域内年度湿地、森林、草原的面积之和。

（5）调节系数

$$e_i = 50\% \times \frac{y_i}{\sum_{i=1}^{n} y_i} + 50\% \times \frac{z_i}{\sum_{i=1}^{n} z_i}$$

式中：y_i 为 i 区（县）地方资金执行率，补偿资金执行率低于或高于平均水平 25% 以内（含 25%）的为 1，高于平均水平 25% 以上的为 1.1；低于平均水平 25% 以上的为 0.9（第一年不考虑）。z_i 为 i 区（县）地方财政收入，地方财政收入低于或高于平均水平 25% 以内（含 25%）的为 1，高于平均水平 25% 以上的为 0.9；低于平均水平 25% 以上的为 0.9。

5.2.2　湟水流域跨界水体生态补偿责任核算方法

为了促使湟水流域水资源得到有效保护和节约集约利用，干流和主要支流水质稳中向好，全流域生态环境保护取得明显成效，对流域生态环境治理、保护和修复进行考核。湟水流域跨界水体生态补偿责任核算主要考核水环境质量、污染物通量和水量，充分体现跨界水体的水质改善、污染通量降低、水量保障等因素，以跨界责任断面为基础，分别计算水质达标和改善情况、污染通量降低情况、水量保障情况，生态补偿责任考核通过生态补偿资金扣减方式进行量化。上游地区扣减资金用于下游生态环境治理、保护和修复，下游地区扣减资金用于上游生态环境治理、保护和修复。

在生态补偿责任考核中，对出现水质不达标（或恶化）、污染物通量增加、水量减少等 3 类情形的地区，将扣减一定比例生态补偿资金。

（1）水质不达标（或恶化）指标值

$$水质不达标（或恶化）指标值=\frac{当年不达标月份数}{12}+\frac{当年年均水质指数-上年年均水质指数}{上年年均水质指数}$$

（2）污染物通量增加指标值

$$污染物通量增加值=\frac{（当年COD年通量-上年COD年通量）}{上年COD年通量}+\frac{（当年氨氮年通量-上年氨氮年通量）}{上年氨氮年通量}+\frac{（当年总磷年通量-上年总磷年通量）}{上年总磷年通量}$$

（3）水量减少指标值

$$水量减少指标值=\frac{（上年年均水量-当年年均水量）}{上年年均水量}$$

（4）生态补偿责任考核资金扣除

$$扣除资金=分配资金\times扣减系数$$

$$扣减系数=水质不达标（或恶化）指标值+污染物通量增加指标值+水量减少指标值$$

扣除资金的分配按原生态补偿资金分配方法执行。

5.3 典型年湟水流域跨界水体生态补偿责任核算

5.3.1 2019 年湟水流域生态补偿资金分配方案

5.3.1.1 2018 年湟水流域各因素值的计算

（1）水质改善贡献指标

根据城市水环境质量排名水质指数计算方法，首先分别计算 2017 年、2018 年湟水流域各区（县）国控、省控、市控考核断面 21 项水质指标组成的水质指数，然后计算各区（县）流域内水质改善幅度指标值，具体计算结果见表 5-1。

表 5-1 2017 年、2018 年湟水流域各区（县）水质指数及水质改善幅度指标值

考核区（县）	2017 年	2018 年	水质改善幅度 f 值
城北区	7.01	5.85	0.165
城东区	6.91	5.59	0.191
城西区	7.84	6.27	0.200
城中区	5.56	5.16	0.072
大通县	3.88	3.54	0.088
湟源县	4.29	3.81	0.112
湟中区	5.27	4.67	0.114
互助县	4.10	4.07	0.007
乐都区	5.04	4.70	0.067
民和县	5.53	5.35	0.033
平安区	5.98	5.18	0.134
海晏县	4.24	3.77	0.111
门源县	3.44	3.29	0.044
祁连县	3.51	3.68	0
合计	72.6	64.93	1.338

对比分析 2017—2018 年湟水流域各区（县）国控、省控、市控考核断面水质类别，计算 2018 年各区（县）优良水体断面个数及水质类别提升断面的个数，具体结果见表 5-2。

表 5-2 2018 年湟水流域各区（县）水体优良断面个数与水质类别提升断面个数

考核区（县）	优良断面个数 / 个	水质类别提升断面个数 / 个
城北区	1	2
城东区	1	1
城西区	0	2
城中区	1	0
大通县	5	2
湟源县	2	0
湟中区	6	3
互助县	5	2

续表

考核区（县）	优良断面个数 / 个	水质类别提升断面个数 / 个
乐都区	3	1
民和县	3	
平安区	2	3
海晏县	1	
门源县	1	
祁连县	1	
合计	32	16

根据 2017 年、2018 年青海省环境统计数据，分别计算湟水流域各区（县）2018 年相较 2017 年 COD、氨氮的减排量，具体情况见表 5-3。

表 5-3　2018 年湟水流域各区（县）相较上一年度 COD 和氨氮减排量　　单位：t

考核区（县）	COD 减排量	氨氮减排量
城北区	732.8	95.9
城东区	213.0	110.9
城西区	138.6	22.0
城中区	219.3	61.3
大通县	459.9	62.8
湟源县	49.8	11.1
湟中区	236.7	40.9
互助县	1 083.0	42.4
乐都区	642.8	70.8
民和县	1 140.4	44.0
平安区	283.7	25.9
海晏县	0	0
门源县	0	0
祁连县	0	0
合计	5 200	588

将上述湟水流域各区（县）水质改善幅度值、优良水体断面数、水质类别提

升断面数和污染物减排量代入水质改善贡献指标计算公式得出2018年湟水流域各区（县）水质改善贡献指标值，具体情况见表5-4。

表5-4　2018年湟水流域各区（县）水质改善贡献指标计算结果

考核区（县）	水质改善贡献指标 a 值
城北区	0.111
城东区	0.099
城西区	0.091
城中区	0.042
大通县	0.102
湟源县	0.049
湟中区	0.121
互助县	0.086
乐都区	0.076
民和县	0.058
平安区	0.100
海晏县	0.039
门源县	0.019
祁连县	0.006

2018年，湟水流域全年未发生突发环境事件。故突发环境事件的调节指标为1。

（2）水资源贡献指标

根据青海省2018年水资源公报，查询可得到西宁市、海东市、海北州水资源量及用水量等数据，具体情况见表5-5。

表5-5　2018年西宁市、海东市、海北州水资源与用水量数据　　单位：亿 m^3

市（州）	水资源量	用水量	水资源与用水量差值
西宁市	17.67	5.86	11.81
海东市	26.89	5.21	21.68
海北州	65.70	1.47	64.23

根据湟水流域各区（县）国土面积大小和人口数量分布，分别将水资源量和用水量按区（县）进行分配，得到 2018 年湟水流域各区（县）水资源量和用水量数据，具体情况见表 5-6。

表 5-6 2018 年湟水流域各区（县）水资源与用水量数据 单位：亿 m^3

考核区（县）	水资源量	用水量	水资源贡献量 b 值
城北区	0.30	0.80	0
城东区	0.27	0.98	0
城西区	0.17	0.65	0
城中区	0.39	0.57	0
大通县	7.35	1.20	6.15
湟源县	3.58	0.35	3.23
湟中区	5.61	1.32	4.29
互助县	10.64	1.84	8.80
乐都区	7.86	1.35	6.51
民和县	6.05	1.44	4.62
平安区	2.34	0.59	1.75
海晏县	11.85	0.21	11.63
门源县	16.94	0.95	15.99
祁连县	7.94	0.31	7.63

（3）用水效率指标

根据青海省 2018 年水资源公报，查询可得到 2018 年西宁市、海东市、海北州万元 GDP 用水量、万元工业增加值用水量、农田灌溉亩均用水量等用水效率数据，具体情况见表 5-7。

表 5-7 2018 年西宁市、海东市、海北州用水效率数据 单位：m^3

市（州）	万元 GDP 用水量	万元工业增加值用水量	农田灌溉亩均用水量
西宁市	46	20	468
海东市	115	24	465
海北州	177	22	294

由于未获取到各区（县）用水效率数据，暂用各地市数据代替各区（县）用

水效率数据，其中西宁市城北区、城东区、城西区、城中区不计算农田灌溉亩均用水量，具体情况见表 5-8。

表 5-8　2018 年湟水流域各区（县）用水效率数据　单位：m^3

考核区（县）	万元 GDP 用水量	万元工业增加值用水量	农田灌溉亩均用水量
城北区	46	20	0
城东区	46	20	0
城西区	46	20	0
城中区	46	20	0
大通县	46	20	468
湟源县	46	20	468
湟中区	46	20	468
互助县	115	24	465
乐都区	115	24	465
民和县	115	24	465
平安区	115	24	465
海晏县	177	22	294
门源县	177	22	294
祁连县	177	22	294
合计	1 313	302	4 146

将上述数据代入用水效率指标计算公式，得到湟水流域各区（县）用水效率指标值，具体情况见表 5-9。

表 5-9　2018 年湟水流域各区（县）用水效率指标值

考核区（县）	用水效率指标值 c 值
城北区	0.079 3
城东区	0.079 3
城西区	0.079 3
城中区	0.079 3
大通县	0.096 2
湟源县	0.096 2

续表

考核区（县）	用水效率指标值 c 值
湟中区	0.096 2
互助县	0.055 4
乐都区	0.055 4
民和县	0.055 4
平安区	0.055 4
海晏县	0.057 5
门源县	0.057 5
祁连县	0.057 5

（4）水源涵养指标

根据 2018 年青海省国家重点生态功能区（县）域生态环境状况遥感监测与评价报告，可查询到 2018 年湟水流域各区（县）草地、林地、水域等面积，根据上述数据计算湟水流域各区（县）水源涵养指标，具体情况见表 5-10。

表 5-10　2018 年湟水流域各区（县）草地、林地、水域面积及水源涵养指标

考核区（县）	草地 /km^2	林地 /km^2	湿地 /km^2	水源涵养指标 d 值 /km^2
城北区	0	0	0	0
城东区	0	0	0	0
城西区	0	0	0	0
城中区	0	0	0	0
大通县	1 268.9	842.98	38.04	2 149.92
湟源县	584.03	627.76	9.19	1 220.98
湟中区	902.21	684.89	14.38	1 601.48
互助县	1 162.45	1 112.22	30.27	2 304.94
乐都区	1 231.38	743.38	14.04	1 988.8
民和县	683.1	380.94	23.1	1 087.14
平安区	190.3	344.84	3.82	538.96
海晏县	2 721.75	471.54	606.13	3 799.42
门源县	2 884.17	1 629.8	237.11	4 751.08
祁连县	1 821.74	449.47	73.76	2 344.96

5.3.1.2　2019 年生态保护补偿金分配方案

将 2019 年生态保护补偿金总额 S（初定为 20 000 万元）和上文经计算得到的湟水流域各区（县）的水质改善贡献指标值、水资源贡献指标值、用水效率指标值、水源涵养指标值分别代入公式，其中调节系数指标取 1。

$$S_i = S\times\left(50\%\times\frac{a_i}{\sum_{i=1}^{n}a_i}+30\%\times\frac{b_i}{\sum_{i=1}^{n}b_i}+10\%\times\frac{c_i}{\sum_{i=1}^{n}c_i}+10\%\times\frac{d_i}{\sum_{i=1}^{n}d_i}\right)\times e_i$$

经计算可得湟水流域各区（县）2019 年可获得的生态补偿分配金额及比例，具体情况如表 5-11 所示。

表 5-11　2019 年湟水流域各区（县）生态补偿分配金额及比例情况

考核区（县）	分配金额 / 万元	占比 /%
城北区	1 268.4	6.3
城东区	1 146.6	5.7
城西区	1 070.5	5.4
城中区	582.7	2.9
大通县	1 933.3	9.7
湟源县	1 067.7	5.3
湟中区	1 909.7	9.5
互助县	1 934.1	9.7
乐都区	1 603.2	8.0
民和县	1 183.3	5.9
平安区	1 308.3	6.5
海晏县	1 846.7	9.2
门源县	2 104.1	10.5
祁连县	1 041.3	5.2
合计	20 000	100

通过各区（县）分配资金汇总统计西宁市、海东市、海北州 3 个地市的资

金分配情况，西宁市占 44.9%，海东市占 30.1%，海北州占 25%，具体情况如表 5-12 所示。

表 5-12 2019 年西宁市、海东市、海北州生态补偿分配金额及比例情况

考核市（州）	分配金额 / 万元	占比 /%
西宁市	8 979	44.9
海东市	6 028.9	30.1
海北州	4 992.1	25.0
合计	20 000	100

5.3.2 2019 年湟水流域跨界生态补偿责任核算结果

（1）水质不达标（或恶化）情况

从 2019 年湟水流域 11 个责任考核断面水质类别数据来看，仅有扎马隆、报社桥、小峡桥、湾子桥、老鸦峡口等断面存在超标现象，各断面超标情况如表 5-13 所示。

表 5-13 2019 年责任断面不达标情况

断面名称	年份	月份	水质类别	水质目标
扎马隆	2019	4	Ⅳ	Ⅲ
报社桥	2019	1	Ⅴ	Ⅳ
报社桥	2019	6	Ⅴ	Ⅳ
小峡桥	2019	2	Ⅴ	Ⅳ
小峡桥	2019	3	Ⅴ	Ⅳ
小峡桥	2019	4	Ⅴ	Ⅳ
湾子桥	2019	2	Ⅴ	Ⅳ
湾子桥	2019	3	Ⅴ	Ⅳ
湾子桥	2019	4	Ⅴ	Ⅳ
老鸦峡口	2019	2	Ⅴ	Ⅳ

从 2018 年、2019 年 11 个责任考核断面年均水质指数数据来看，仅有浩门

河纳子峡断面水质指数升高，升高幅度为0.005。

根据前述计算公式，计算得到11个责任考核断面水质不达标（或恶化）指标值，指标值为负时按零计，具体情况如表5-14所示。

表5-14 2019年责任断面水质不达标（或恶化）指标值

编号	责任市（州）	责任区（县）	断面名称	水质不达标（或恶化）指标值
1	海北州	祁连县	浩门河纳子峡	0.005
2	海北州	门源县	甘冲口	0
3	海北州	海晏县	金滩	0
4	西宁市	大通县	润泽桥	0
5	西宁市	湟源县	扎马隆	0.083
6	西宁市	湟中区	黑嘴桥	0
7	西宁市	城北区、城西区、城中区	报社桥	0.167
8	西宁市	城东区	小峡桥	0.25
9	海东市	互助县、平安区	湾子桥	0.25
10	海东市	乐都区	老鸦峡口	0.083
11	海东市	民和县	民和东垣	0

（2）污染物通量增加情况

根据前文对责任考核断面的污染物负荷通量计算分析，计算2019年相较上年的污染物通量增加指标值，指标值为负时按零计，具体情况如表5-15所示。

表5-15 2019年责任断面污染物通量增加指标值

编号	责任市（州）	责任区（县）	断面名称	污染物通量增加指标值
1	海北州	祁连县	浩门河纳子峡	0.513 4
2	海北州	门源县	甘冲口	0.049 8
3	海北州	海晏县	金滩	0
4	西宁市	大通县	润泽桥	0
5	西宁市	湟源县	扎马隆	0
6	西宁市	湟中区	黑嘴桥	0

续表

编号	责任市（州）	责任区（县）	断面名称	污染物通量增加指标值
7	西宁市	城北区、城西区、城中区	报社桥	0
8	西宁市	城东区	小峡桥	0
9	海东市	互助县、平安区	湾子桥	0
10	海东市	乐都区	老鸦峡口	0
11	海东市	民和县	民和东垣	0

（3）水量减少情况

根据 2018 年、2019 年责任考核断面逐月流量数据计算年均水量，然后代入水量减少指标计算公式，指标值为负时按零计，具体情况如表 5-16 所示。

表 5-16　2019 年责任断面水量减少指标值

编号	责任市（州）	责任区（县）	断面名称	水量减少指标值
1	海北州	祁连县	浩门河纳子峡	0
2	海北州	门源县	甘冲口	0
3	海北州	海晏县	金滩	0.121 7
4	西宁市	大通县	润泽桥	0.124 1
5	西宁市	湟源县	扎马隆	0.105 6
6	西宁市	湟中区	黑嘴桥	0.093 7
7	西宁市	城北区、城西区、城中区	报社桥	0.100 6
8	西宁市	城东区	小峡桥	0.041 2
9	海东市	互助县、平安区	湾子桥	0
10	海东市	乐都区	老鸦峡口	0.031 8
11	海东市	民和县	民和东垣	0.076 7

（4）生态补偿资金扣除方案

根据前文生态补偿资金扣减计算公式计算生态补偿资金扣减系数和扣减金额，共扣除的资金为 3 690.7 万元，占原分配金额的 18.45%，其中，祁连县扣除资金最多，民和县扣除资金最少，分别为 539.8 万元和 90.8 万元。湟水流域各区（县）生态补偿资金扣除情况如表 5-17 所示。

表 5-17　2019 年湟水流域各区（县）生态补偿资金扣除情况

考核区（县）	2019 年原分配金额 / 万元	扣减系数	2019 年扣减资金 / 万元	2019 年补偿资金 / 万元
城北区	1 268.4	0.267 6	339.4	929.0
城东区	1 146.6	0.291 2	333.9	812.7
城西区	1 070.5	0.267 6	286.5	784.0
城中区	582.7	0.267 6	155.9	426.8
大通县	1 933.3	0.124 1	239.9	1 693.4
湟源县	1 067.7	0.188 6	201.4	866.3
湟中区	1 909.7	0.093 7	178.9	1 730.8
互助县	1 934.1	0.250 0	483.5	1 450.6
乐都区	1 603.2	0.114 8	184.0	1 419.2
民和县	1 183.3	0.076 7	90.8	1 092.5
平安区	1 308.3	0.250 0	327.1	981.2
海晏县	1 846.7	0.121 7	224.7	1 622.0
门源县	2 104.1	0.049 8	104.8	1 999.3
祁连县	1 041.3	0.518 4	539.8	501.5
合计	20 000	—	3 690.7	16 309.3

参考文献

[1] ATMADJA J, BAGTZOGLOU A C. State of the art report on mathematical methods for groundwater pollution source identification[J]. Environmental Forensics, 2001, 2(3): 205-214.

[2] HALEVI G, MOED H. The evolution of big data as a research and scientific topic: Overview of the literature[J]. Research Trends, 2012, 30(1): 3-6.

[3] HERMAN D C, FRANKENBERGER W T. Bacterial reduction of perchlorate and nitrate in water[J]. Journal of Environmental Quality, 1999, 28(3): 1018-1024.

[4] HEY T, GANNON D, PINKELMAN J. The future of data-intensive science[J]. Computer, 2012, 45(5): 81-82.

[5] IMAMOGLU I, LI K, CHRISTENSEN E R. Modeling polychlorinated biphenyl congener patterns and dechlorination in dated sediments from the Ashtabula River, Ohio, USA[J]. Environmental Toxicology & Chemistry, 2010, 21(11): 2283-2291.

[6] IMAMOGLU I, LI K, CHRISTENSEN E R. PCB sources and degradation in sediments of Ashtabula River, Ohio, USA, determined from receptor models[J]. Water Science & Technology, 2002, 46(3): 89-96.

[7] KEIM D A, KRIEGEL H P. Visualization techniques for mining large databases: A comparison[J]. IEEE Trans On Knowledge and Data Engineering, 1996, 8(6): 923-938.

[8] KIM K H. Performance characterization of the GC/PFPD for HS, CHSH, DMS, and DMDS in air[J]. Atmospheric Environment, 2005, 39(12): 2235-2242.

[9] MILLER-PIERCE M R, RHOADS N A. The influence of wastewater discharge on water quality in Hawai'i: A comparative study for Lahaina and Kihei, Maui[J]. Marine Pollution Bulletin, 2016, 103(1-2): 54-62.

[10] PEUQUET D J, KRAAK M J. Geobrowsing: Creative thinking and knowledge

discovery using geographic visualization[J]. Information Visualization, 2002, 1(1): 80-91.

[11] WANG Y, ZHANG W, ZHAO Y, et al. Modelling water quality and quantity with the influence of inter-basin water diversion projects and cascade reservoirs in the Middle-lower Hanjiang River[J]. Journal of Hydrology, 2016(541): 1348-1362.

[12] YANG X, YANG Z, YIN X, et al. Chaos gray-coded genetic algorithm and its application for pollution source identifications in convection-diffusion equation[J]. Communications in Nonlinear Science & Numerical Simulation, 2008, 13(8): 1676-1688.

[13] 戴君，刘硕，韩金凤，等 . 污染负荷多情景变化下河流水质响应关系研究 [J]. 中国环境科学，2018，38(2)：776-783.

[14] 董欣，陈吉宁，赵冬泉 . SWMM 模型在城市排水系统规划中的应用 [J]. 给水排水，2006，32(5)：106-109.

[15] 董增川，卞戈亚，王船海，等 . 基于数值模拟的区域水量水质联合调度研究 [J]. 水科学进展，2009，20(2)：184-189.

[16] 窦振兴，罗远诠，黄克辛，等 . 渤海潮流及湖余流的数值计算 [J]. 海洋学报（中文版），1981，3(3)：355-369.

[17] 杜新忠，李叙勇，张汪寿，等 . 基于 GWLF 模型的流域总氮负荷模拟及污染源解析 [J]. 水资源与水工程学报，2014，1(3)：19-23.

[18] 段华平，刘德进，杨国红，等 . 基于清单分析的农业面源污染源强计算方法 [J]. 环境科学与管理，2009，34(12)：58-61.

[19] 龚政，张东生，陈永平 . 陆源污染物对连云港海域环境影响研究 [J]. 海洋工程，2002，20(4)：72-77.

[20] 胡文慧，李光永，孟国霞，等 . 基于 SWAT 模型的汾河灌区非点源污染负荷评估 [J]. 水利学报，2013，44(11)：1309-1316.

[21] 姜德娟，王琼，李瑞泽，等 . 基于 SWAT 模型的小清河流域总氮输出模拟研究 [J]. 水资源与水工程学报，2017(6)：1-7.

[22] 姜滢，尤悦文，徐杨，等 . 2005—2014 年苏州市农业面源污染源强变化特征 [J]. 热带作物学报，2016，37(9)：1805-1811.

[23] 李敏，王光谦，倪晋仁，等 . 长江口沉积物对磷酸盐吸附的等温模型 [J]. 清

华大学学报（自然科学版），2005（9）：1206-1208.

［24］刘立明，陈钦雷．用单相流复合图版解释油水两相流试井数据 [J]. 石油勘探与开发，2001，28（3）：67-69.

［25］刘梅冰，陈冬平，陈兴伟，等．山美水库流域水量水质模拟的 SWAT 与 CE-QUAL-W2 联合模型 [J]. 应用生态学报，2013，24（12）：3574-3580.

［26］彭香葱，左华．陆源污染对青岛近岸海域环境影响及防治措施 [J]. 青岛理工大学学报，2012，33（2）：88-92.

［27］邱瑀，卢诚，徐泽，等．湟水河流域水质时空变化特征及其污染源解析 [J]. 环境科学学报，2017，37（8）：2829-2837.

［28］沈虹，张万顺，彭虹，等．汉江中下游非点源磷负荷对水质的影响 [J]. 武汉大学学报（工学版），2011，44（1）：26-31.

［29］王健健，逄勇，朱心悦，等．基于多目标的小流域污染控制方案及效果：以苏州胥江小流域为例 [J]. 水资源保护，2013，29（4）：56-61.

［30］徐兴亚，方红卫，黄磊，等．基于数据同化校正参数的河流磷迁移估计研究 [J]. 水利学报，2017，48（2）：157-167.

［31］徐轶群，熊慧欣，赵秀兰．底泥磷的吸附与释放研究进展 [J]. 重庆环境科学，2003，25（11）：147-149.

［32］许明，王凤．水沙混合泥沙模型加沙系统的改造方法 [J]. 长江科学院院报，2010，27（12）：91-93.

［33］殷洪，钱新，姚红，等．基于水质模型的河流水环境调控方案效果评估：以太浦河为例 [J]. 环境保护科学，2015，41（2）：48-52.

［34］俞光耀，陈时俊．胶州湾环流和污染扩散的数值模拟：Ⅲ．胶州湾拉格朗日余流与污染物质的迁移 [J]. 中国海洋大学学报（自然科学版），1983（1）：1-14.

［35］张永勇，夏军，王纲胜，等．淮河流域闸坝联合调度对河流水质影响分析 [J]. 武汉大学学报（工学版），2007，40（4）：31-35.

［36］赵康平，陈岩，谢阳村，等．承德市滦河流域输入响应模型应用研究 [J]. 环境污染与防治，2016，38（3）：107-110.

［37］赵琰鑫，王永桂，张万顺，等．河道溢油污染事故二维数值模型研究 [J]. 人民长江，2012，43（15）：81-84.

［38］郑保强，窦明，黄李冰，等．水闸调度对河流水质变化的影响分析 [J]. 环境

科学与技术，2012，35(2)：12-14.

[39] 钟德钰，禹雪中，丁赟．挟沙水流中石油类污染物输移转化的数值模拟 [J]. 泥沙研究，2007(2)：24-29.

[40] 朱维斌，郑孝宇，朱淮宁．受闸坝控制的河道水质预测方法研究 [J]. 水利水电科技进展，1998(1)：49-51.